国家公益性行业（农业）科研专项（200903033）

# 蔬菜
# 农药高效科学施用技术
## 指导手册

郑永权　主编

中国农业科学技术出版社

**图书在版编目（CIP）数据**

蔬菜农药高效科学施用技术指导手册 / 郑永权主编 . —北京：
中国农业科学技术出版社，2014. 5

ISBN 978-7-5116-1616-6

Ⅰ . ①蔬⋯　Ⅱ . ①郑⋯　Ⅲ . ①蔬菜 – 病虫害 – 农药施
用 – 手册　Ⅳ . ① S436. 3–62

中国版本图书馆 CIP 数据核字（2014）第 075675 号

责任编辑　张孝安
责任校对　贾晓红

出 版 者　中国农业科学技术出版社
　　　　　北京市中关村南大街 12 号　邮编：100081
电　　话　（010）82109708（编辑室）（010）82109704（发行部）
　　　　　（010）82109703（读者服务部）
传　　真　（010）82106650
网　　址　http://www.castp.cn
经 销 者　各地新华书店
印 刷 者　北京华创印务有限公司
开　　本　850mm × 1 168mm　1 /32
印　　张　2.5
字　　数　64 千字
版　　次　2014 年 5 月第 1 版　2015 年 7 月第 3 次印刷
定　　价　22.00 元

━━◆ 版权所有 · 侵权必究 ◆━━

# 编委会

主 编：郑永权

编 委（按姓氏笔画排序）：

王少丽 刘 勇 刘 峰

刘新刚 李永平 张小风

郑永权 罗源华 袁会珠

顾中言 黄啟良 蒋红云

韩秀英

# 前　言

　　我国是一个农业大国，农业的增产丰收关系到国家的经济发展、社会的繁荣稳定和广大人民群众的切身利益，而农业有害生物的防治是保证农业增产丰收的重要环节，化学防治则是农业有害生物防控最有效的措施。在目前和将来很长一段时期内，化学农药在有害生物控制中仍将起到至关重要、不可或缺的关键作用。科学、合理地施用农药将会有效控制病虫草等有害生物的为害；相反，农药的误用、错用、滥用、乱用等都将事倍功半，甚至是危害人类自己。因此，要把农药用好还注意以下诸多问题，比如农药多次使用导致病虫害对药剂的敏感度产生变化，农民或技术人员不能有效地选择药剂及使用剂量，造成防治效果不好或农药浪费，给农产品安全带来极大的隐患；又如农药的不科学混用导致农药投入量增加，时常会引发药害和农药对农产品的复合污染，同时对环境和非靶标生物还会造成巨大的影响；再如因施用不当造成药剂在有害生物体表沉积率低下，出现农药流失浪费严重、有效利用率低和严重污染环境的问题。

　　为此，笔者依托国家公益性行业（农业）科研专项"农药高效安全科学施用技术"（200903033），针对上述关键问题，面向农药施用技术人员和广大农民朋友，组织相关研究人员开展了5年的研究，以为害水稻、棉花、小麦、蔬菜、果树等农作物主要病虫害为攻关对象，研发出相关配方选药诊断试剂盒、"雾滴密度"测试卡和提高药剂沉积效率功能性助剂等高效、安全、科学施药技术，并组建了农药高效、安全、科学施用技术体系。

本书作为项目的研究成果，系统概括了为害水稻、棉花、小麦、蔬菜、果树等农作物主要病虫害的识别特征、不同防治技术等内容。随着配方选药技术、科学桶混技术、农药减量控制技术、优质高效低风险农药的筛选和应用等技术研究成果的成熟并投入使用，将对有效解决农药滥用、乱用现象，更加精准化选用农药，降低农药的使用量，确保农产品的质量和安全等具有重要的实用价值。同时，本书的出版发行也将有力提升农民的健康意识、环境意识和农产品质量安全意识，具有深远的社会意义。

本书由国家公益性行业（农业）科研专项"农药高效安全科学施用技术"项目组研究人员编写。书中存在错误或不足之处在所难免，恳请读者批评和指正。

郑永权

2014 年 2 月

# 目 录

# 第一章　农药喷雾

## 一、农药喷雾技术类型

农药喷雾技术的分类方法很多，根据喷雾机具、作业方式、施药液量、雾化程度、雾滴运动特性等参数，喷雾技术可以分为各种各样的喷雾方法。根据喷雾时的施药液量（即通常所说的喷雾量），可以把喷雾方法分为常规大容量喷雾法、中容量喷雾法、低容量喷雾法和超低容量喷雾法。

### （一）常规大容量喷雾法

每 $667m^2$ 喷液量在 40L 以上（大田作物）或 100L 以上（果园）的喷雾方法称常规大容量喷雾法（HV），也称传统喷雾法或高容量喷雾法。这种喷雾方法的雾滴粗大，所以，也称粗喷雾法。在常规大容量喷雾法田间作业时，粗大的农药雾滴在作物靶标叶片上极易发生液滴聚并，引起药液流失，全国各地习惯采用这种大容量喷雾法。

### （二）中容量喷雾法

每 $667m^2$ 喷液量在 15~40L（大田作物），或 40~100L（果园）的喷雾方法称中容量喷雾法（MV）。中容量喷雾法与高容量喷雾法之间的区分并不严格。中容量喷雾法是采取液力式雾化原理，使用液力式雾化部件（喷头），适应范围广，在杀虫剂、杀菌剂、除草剂等喷洒作业时均可采用。在中容量喷雾法田间作业时，农药雾滴在作物靶标叶片也会发生重复沉积，引起药液流失，但流失现象比高容量喷雾法轻。

### （三）低容量喷雾法

每667m$^2$喷液量在5~15L（大田作物），或15~40L（果园）的喷雾方法称低容量喷雾法（LV）。低容量喷雾法的雾滴细、施药液量小、工效高、药液流失少、农药有效利用率高。对于机械施药而言，可以通过调节药液流量调节阀、机械行走速度和喷头组合等实施低容量喷雾作业。对于手动喷雾器，可以通过更换小孔径喷片等措施来实施低容量喷雾。另外，采用双流体雾化技术，也可以实施低容量喷雾作业。

### （四）超低容量喷雾法

每667m$^2$喷液量在0.5L以下（大田作物），或3L（果园）以下的喷雾方法称超低容量喷雾法（ULV），雾滴粒径小于100μm，属细雾喷撒法。其雾化原理是采取离心式雾化法，雾滴粒径决定于圆盘（或圆杯等）的转速和药液流量，转速越快雾滴越细。超低容量喷雾法的喷液量极少，必须采取飘移喷雾法。由于超低容量喷雾法雾滴细小，容易受气流的影响，因此，施药地块的布置以及喷雾作业的行走路线、喷头高度和喷幅的重叠都必须严格设计。

不同喷雾方法的分类及应采用的喷雾机具和喷头简单列于表1-1，供读者参考。

表1-1　不同喷雾方法分类及应采用喷雾机具和喷头

| 喷雾方法 | 喷施量（L/667m$^2$） | | 选用机具 | 选用喷头 |
| | 大田作物 | 果园 | | |
| --- | --- | --- | --- | --- |
| 常规大容量喷雾法（HV） | >40 | >100 | 手动喷雾器<br>大田喷杆喷雾机<br>担架式喷雾机 | 1.3mm以上空心圆锥雾喷片<br>大流量的扇形雾喷头 |

| 喷雾方法 | 喷施量（L/667m²） | | 选用机具 | 选用喷头 |
|---|---|---|---|---|
| | 大田作物 | 果园 | | |
| 中容量喷雾法（MV） | 15~40 | 40~100 | 手动喷雾器<br>大田喷杆喷雾机<br>果园风送喷雾机 | 0.7~1.0mm 小喷片<br>中小流量的扇形雾喷头 |
| 低容量喷雾法（LV） | 5~15 | 15~40 | 背负机动弥雾机<br>微量弥雾器<br>常温喷雾机<br>电动圆盘喷雾机 | 0.7mm 小喷片<br>气力式喷头<br>离心旋转喷头 |
| 超低容量喷雾法（ULV） | <0.5 | <3 | 背负机动弥雾机<br>热烟雾机 | 离心旋转喷头<br>超低容量喷头 |

## 二、农药喷雾中的"流失"

喷雾法是农药使用中最常用的方法，因其常用，人们往往忽视其中存在的问题，简单地认为喷雾就是把作物叶片喷湿，看到药液从叶片滴淌流失为标准。这种错误的喷雾观念，就好像在给农作物洗澡，大量的药液流失到地表，喷药人员接触喷过药的湿漉漉叶片，身上也会沾满农药。特别是果园喷雾时，喷药人员站在树下往上喷药，流失下的药液弄得自己满身都是，很容易发生中毒事故，非常危险。

### （一）"雾"与"雨"的区别

"雾"是细小的液滴在空气中的分散状态，"雨"是粗大的液滴在空气中的分散状态。"雾"与"雨"的区别就是液滴粒径大小不同。我们可以把一个液滴看作一个圆球，大家在中学时，都学习过球的体积的计算公式：

$$体积 = \frac{4}{3} \times \pi \times 半径^3。$$

从以上公式中，我们可以计算得出，当药液的体积（V）一定时，液滴的粒径减小一半，则雾滴的数量由 1 个变成了 8 个，如图 1-1 所示。

在农作物病虫草害防治中，可以理解为士兵拿机关枪在扫射敌人，射出去的子弹数量越多，击中敌人的概率就越大，一次只发射一颗子弹的威力远不如一次发射 8 颗子弹的威力。因此，在农药喷雾中，若能够采用细雾喷洒，雾滴粒径为 100μm 左右，一定体积的药液形成的子弹数就很多；但是，如果采用淋洗式喷雾，液滴粒径在 1 000μm 左右，两者相差 10 倍，则形成的子弹数（雾滴数）相差 1 000 倍，工作效率自然非常低。

雾滴数目是原来的 8 倍

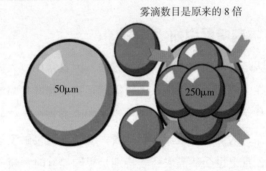

图 1-1 雾滴粒径减小一半，雾滴数目由 1 个变成了 8 个

在农药喷"雾"技术中，根据雾滴粒径大小分为细雾、中等雾、粗雾，这 3 种"雾"与"雨"所对应的液滴粒径，如图 1-2 所示。

我们从图 1-2 中可以看出，"雨"的液滴粒径非常大，大约是"细雾"的 10 倍、是"中等雾"的 5 倍，是"粗雾"的 2 倍。液滴粒径越大，一定的喷液量所形成的雾滴数目就越少，越不利于农药药效的发挥。

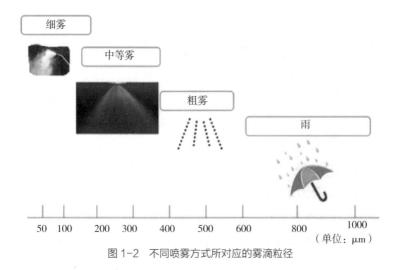

图 1-2 不同喷雾方式所对应的雾滴粒径

（二）农药喷雾形态的分类

雾滴粒径即是农药喷雾技术中最为重要和最易控制的参数，也是衡量喷头喷雾质量的重要参数，雾化程度的正确选用是施用最少药量取得最好药效及减少环境污染等的技术关键。

1.粗雾

粗雾是指粒径大于 400μm 的雾滴。根据喷雾器械和雾化部件的性能不同，一般在 400~1 000μm。粗雾接近于"雨"。

2.中等雾

雾滴粒径在 200~400μm 的雾滴称为中等雾。目前，中等雾喷雾方法是农业病虫草害防治中采用最多的方法。各种类型的喷雾器械和它们所配置的喷头所产生的雾滴基本上都在这一范围内。

3.细雾

雾滴粒径在 100~200μm 的雾称为细雾。细雾喷洒在植株比较高大、株冠比较茂密的作物上，使用效果比较好。细雾喷洒只适合于杀菌剂、杀虫剂的喷洒，能充分发挥细雾的穿透性能，在使用除草剂时不得采用细雾喷洒方法。

### （三）喷液量

这是指单位面积的喷洒药液量，也称施药液量，有人也叫喷雾量、喷水量。喷液量的多少大体是与雾化程度相一致的，采用粗雾喷洒，就需要大的施药液量，而采用细雾喷洒方法，就需要采用低容量或超低容量喷雾方法。单位面积（$667m^2$）所需要的喷洒药液量称为施药液量或施液量，用 $L/667m^2$ 表示。施药液量是根据田间作物上的农药有效成分沉积量以及不可避免的药液流失量的总和来表示的，是喷雾法的一项重要技术指标。根据施药液量的大小可将喷雾法分为高容量喷雾法、中容量喷雾法、低容量喷雾法、极低容量喷雾法和超低容量喷雾法。

### （四）流失点与药液流失

作物叶面所能承载的药液量有一个饱和点，超过这一点，就会发生药液自动流失现象，这一点称为流失点。采用大容量喷雾法施药，由于农药雾滴重复沉积、聚并，很容易发生药液流失；当药液从作物叶片发生流失后，由于惯性作用，叶片上药液持留量将迅速降低，最后作物叶片上的药量就变得很少了。

在大雾滴、大容量喷雾方式条件下，药液流失现象非常严重。试验数据表明，果园喷雾中，有超过30%的药液流失掉，这些流失掉的药液不仅浪费，更为严重的是造成操作人员中毒事故和环境污染。药液流失示意图如图1-3所示。

## 三、农药雾滴最佳粒径

农药使用时不要采用淋洗式喷雾方式，因这种"雨"样的粗

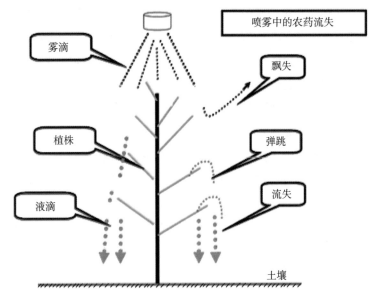

喷雾中的农药流失

雾滴

飘失

植株

弹跳

液滴

流失

土壤

图 1-3　农药流失示意图

大液滴农药流失严重，人员中毒风险大。"雾"有细雾、中等雾、粗雾之分，如何选择合适的农药喷雾方法呢？应按照最佳雾滴粒径的理论进行喷雾。

雾滴粒径与雾滴覆盖密度、喷液量有着密切的关系，如图1-4所示。一个粒径400μm的粗大雾滴，变为粒径200μm的中等雾滴后，就变为了8个雾滴，雾滴粒径缩小到100μm的细雾后，就变为64个雾滴。随着雾滴粒径的缩小，雾滴数目按几何级数增加。随着雾滴数量的增加，农药击中害虫的概率显著增加。

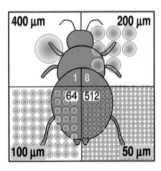

图 1-4　雾滴粒径与雾滴数的关系

从喷头喷出的农药雾滴有大、有小，并不是所有的农药雾滴都能有效地发挥消灭"敌人"的作用。经过科学家的研究，发现只有在某一定粒径范围内的农药雾滴才能够取得最佳的防治效果，因此，就把这种能获得最佳防治效果的农药雾滴粒径或尺度称为生物最佳粒径，用生物最佳粒径来指导田间农药喷雾称之为最佳粒径理论。不同类型农药防治有害生物时的雾滴最佳粒径如图1-5所示：杀虫剂喷雾防治飞行的害虫时，最佳雾滴粒径为10~50μm；杀菌剂喷雾时，最佳雾滴粒径为30~150μm；除草剂喷雾时，最佳雾滴粒径为100~300μm。从图1-5可以中看出，杀虫剂、杀菌剂、除草剂在田间喷雾时，需要的雾滴粒径是有区别的，像杀虫剂、杀菌剂要求的雾滴较细，而除草剂喷雾则要求较大的雾滴。

实际情况是，很多用户在农药喷雾时，根本不管是杀虫剂、还是除草剂，都用一种喷雾设备，用一种喷头，很容易造成问题。特别是在除草剂喷雾时，若采用细雾喷洒，则很容易造成雾滴飘移药害问题。

| 生物靶体 | 农药类别 | 生物最佳粒径（μm） |
|---|---|---|
| 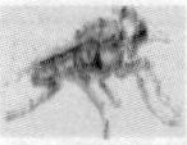 | 杀虫剂 | 10~50 |
| 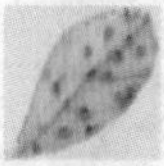 | 杀菌剂 | 30~150 |
|  | 杀虫剂 | 40~100 |
|  | 除草剂 | 100~300 |

图1-5　防治不同对象所应采用的农药雾滴最佳粒径

不同类型的农药在喷雾时的雾滴选择可参考图1-6，在温室大棚这种封闭的环境中，可以采用烟雾这种极细雾的农药施用方式；对于杀虫剂和杀菌剂，应该采用细雾和中等雾喷雾方式；对于除草剂，应采用中等雾、粗雾的喷雾方式。

雾滴粒径的选择

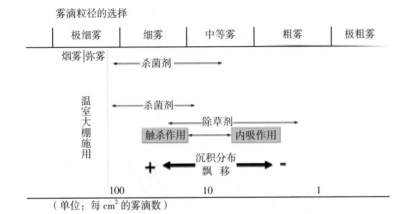

（单位：每cm²的雾滴数）

图1-6  不同类型农药所应采用的喷雾方式

## 四、雾滴测试卡

### （一）技术要点

本技术产品用于快速检测评价田间农药喷雾质量，为低容量喷雾技术提供参数和指导。本技术已经获得国家发明专利（专利号 ZL2009 1 0236211.4）。本技术产品显色灵敏，应用便捷，在田间喷雾时，可以利用此卡测出雾滴分布、雾滴密度及覆盖度，还可用来评价喷雾机具喷雾质量以及测定雾滴飘移。

使用方法如下。

（1）喷雾前：将雾滴测试卡布放在试验小区内的待测物上或

自制支架上。

（2）喷雾结束后：待纸卡上的雾滴印迹晾干后，收集测试卡，观测计数。

（3）在每纸卡上随机取 3~5 个 1cm² 方格：人工判读雾滴测试卡上每平方厘米上的雾滴印迹数，计算出平均值，即为此方格的雾滴覆盖密度（个 /cm²），如图 1-7a 和图 1-7b 所示。利用雾滴图像分析软件计算雾滴测试卡上的雾滴覆盖率（%）。本测试卡的雾滴扩散系数如表 1-2 所示，当雾滴印迹直径大于 300μm 时，雾滴在纸卡上的扩散系数趋于定值，其值为 1.8，雾滴印迹直径 /雾滴扩散系数 = 雾滴真实粒径，即为雾滴大小。另外，可通过目测，直接粗略判断喷雾质量的好坏。

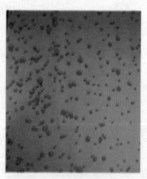

a                          b

图 1-7　雾滴测试卡喷雾前后对比图

表 1-2　雾滴在雾滴测试卡上的扩散系数

| 雾滴印迹直径（μm） | 扩散系数 | 雾滴真实粒径（μm） |
| --- | --- | --- |
| 100 | 1.6 | 62.5 |
| 200 | 1.7 | 117.6 |
| 300 | 1.8 | 166.7 |
| 1 000 | 1.8 | 555.5 |
| 2 000 | 1.8 | 1111.1 |

（二）注意事项

（1）使用中：请戴手套及口罩操作，防止手指汗液及水汽污染卡片。

（2）使用时：可用曲别针或其他工具将测试卡固定于待测物上，不可长时间久置空气中，使用时应现用现取。

（3）喷雾结束后：稍等片刻待测试卡上雾滴晾干后，及时收集纸卡，防止空气湿度人导致测试卡变色，影响测试结果；如果测试卡上雾滴未干，不可重叠放置，也不可放在不透气的纸袋中。

（4）室外使用时：阴雨天气或空气湿度较大时不可使用。

（5）实验结束后：若要保存测试卡，可待测试卡完全干燥后密封保存。

（6）不用时：测试卡应放置在阴凉干燥处，隔绝水蒸汽以防失效。

## 五、雾滴密度比对卡

为便于田间喷雾时快速查明喷雾质量，可以采用图 1-8 所示的雾滴密度比对卡。用户在田间布放雾滴测试卡，得到喷雾后雾滴密度图后，与图 1-8 比较，就能快速查明雾滴的密度。例如，雾滴测试卡的雾滴密度状态与比对卡中的 100 个雾滴 /cm$^2$ 类似，就可以判明喷雾质量为大约 100 个雾滴 /cm$^2$。

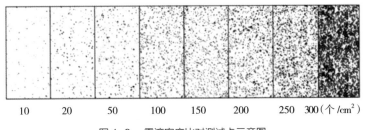

图 1-8　雾滴密度比对测试卡示意图

## 六、农药喷雾的雾滴密度标准指导

### (一) 蔬菜田喷雾指导

1.露地蔬菜小菜蛾防治（图1-9a和图1-9b）

选用药剂：1%甲氨基阿维菌素乳油。

喷雾器械：背负式手动喷雾器；自走式喷杆喷雾机。

雾滴粒径：150μm。

雾滴标准：（150±20）个/cm²。

a          b

图1-9 露地蔬菜田喷雾防治和雾滴密度比对卡示意图

2.温室大棚蔬菜烟粉虱防治（图1-10）

选用药剂：25%环氧虫啶可湿性粉剂。

喷雾机具：热烟雾机。

药液配制：每667m²地农药制剂推荐用量+水（1.5L）+成烟剂（0.5L）。

喷雾方式：喷头对空喷洒，细小烟雾因飘翔效应均匀沉积分布在作物各部位。

雾滴标准：（200±20）个/cm²。

施药液量：2L/667m²

雾滴粒径：20~30μm。

测试雾滴卡位置：植株中部。

图 1-10　温室大棚蔬菜烟粉虱喷雾防治

3.温室大棚蔬菜白粉病防治（图 1-11）

选用药剂：10% 苯醚甲环唑水分散粒剂。

喷雾机具：热烟雾机。

药液配制：每 $667m^2$ 地农药制剂推荐用量 + 水（1.5L）+ 成

图 1-11　温室大棚蔬菜白粉病喷雾防治

烟剂（0.5L）。

喷雾方式：喷头对空喷洒，细小烟雾因飘翔效应均匀沉积分布在作物各部位。

雾滴标准：（200±20）个 /cm$^2$。

施药液量：2L/667m$^2$。

雾滴粒径：20~30μm。

测试雾滴卡位置：植株中部。

（二）小麦田喷雾指导

1. 小麦蚜虫防治（图 1–12a 和图 1–12b）

喷雾机具：机动弥雾机。

推荐农药：70% 吡虫啉水分散粒剂。

喷雾方式：喷头水平放置喷雾。

雾滴标准：（140±10）个 /cm$^2$。

测试雾滴卡位置：小麦穗部。

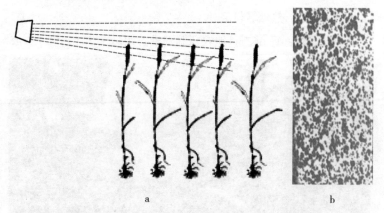

图 1–12　小麦蚜虫喷雾防治与雾滴密度比对卡示意图

2. 小麦吸浆虫防治（图 1–13）

喷雾机具：无人航空植保机。

推荐农药：2.5%联苯菊酯超低容量油剂。

施药液量：300~500ml/667m²。

雾滴标准：(15±10) 个/cm²。

测试雾滴卡位置：小麦穗部。

3.小麦白粉病防治雾滴卡（图1-14a和图1-14b）

喷雾器械：自走式喷杆喷雾机，背负式手动喷雾器。

推荐药剂：12.5%腈菌唑乳油。

雾滴密度：(220±20) 个/cm²。

图1-13　小麦吸浆虫喷雾防治与雾滴密度比对卡示意图

 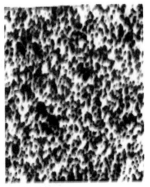

a　　　　　　　　　　　　　b

图1-14　小麦白粉病喷雾防治和雾滴密度比对卡示意图

## （三）水稻田喷雾指导

1.吡蚜酮防治水稻稻飞虱的雾滴密度标准比对卡（图1-15）

喷雾机具：机动弥雾机。

喷雾方式：下倾45°~60°喷雾。

雾滴标准：（100±20）个/cm²。

测试雾滴卡位置：植株基部离地面10~15cm处。

图1-15 水稻稻飞虱吡蚜酮机动喷雾防治

2.吡蚜酮防治水稻稻飞虱的雾滴密度标准比对卡（图1-16）

喷雾机具：手动喷雾器。

喷雾方式：叶面喷雾。

雾滴标准：（120±10）个/cm²。

测试雾滴卡位置：植株基部离地面10~15cm处。

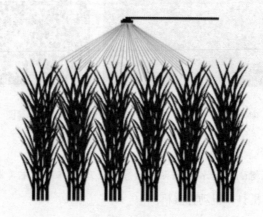

图1-16 水稻稻飞虱吡蚜酮手动喷雾防治

3. 毒死蜱防治水稻稻飞虱的雾滴密度卡（手动喷雾器）（图1-17a 和图 1-17b）

喷雾机具：手动喷雾器。

喷雾方式：叶面喷雾。

雾滴标准：（95±20）个 /cm$^2$。

测试雾滴卡位置：植株基部离地面 10~15cm 处。

由于稻飞虱在水稻基部为害，加之水稻冠层对叶面喷雾的阻挡作用，田间药液用量较大。以雾滴密度为标准，可根据田间水稻生长量，确定田间药液用量。药液用量：80~100L/667m$^2$。

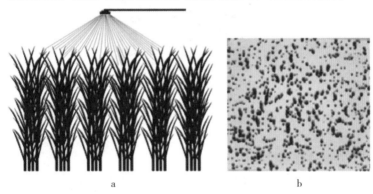

a                                    b

图 1-17　水稻稻飞虱毒死蜱喷雾防治和雾滴密度比对卡示意图

4. 氯虫苯甲酰胺防治水稻纵卷叶螟的雾滴密度卡（弥雾机）（图 1-18）

喷雾机具：机动弥雾机。

喷雾方式：水平喷雾。

雾滴标准：（140±25）个 /cm$^2$。

施药液量：15~30L/667m$^2$。

图 1-18　水稻纵卷叶螟氯虫苯甲酰胺喷雾防治雾滴密度卡示意图

测试雾滴卡位置：植株顶部往下 15~20cm 的冠层内。

5. 氯虫苯甲酰胺防治水稻纵卷叶螟的雾滴密度卡（手动喷雾器）（图 1-19）

喷雾机具：手动喷雾器。

喷雾方式：叶面喷雾。

雾滴标准：（82 ± 9）个 /cm²。

测试雾滴卡位置：植株顶部往下 15~20cm 的冠层内。

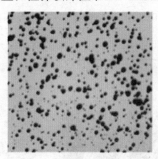

图 1-19　水稻纵卷叶螟氯虫苯甲酰胺喷雾防治雾滴密度比对卡示意图

（四）棉花蚜虫的防治

啶虫脒乳油喷雾防治棉花蚜虫雾滴密度卡（图 1-20）。

喷雾机具：背负手动喷雾器。

推荐药剂：3% 啶虫脒乳油。

雾滴标准：（175 ± 20）个 /cm²。

测试雾滴卡位置：植株上部靠下。

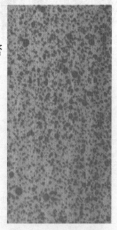

图 1-20　棉花蚜虫啶虫脒乳油喷雾防治雾滴密度比对卡示意图

# 第二章　农药剂型与农药施用

## 一、农药剂型与农药制剂

农药剂型与农药制剂并不是一回事。

农药剂型是指农药经加工后，形成具有一定形态、特性和使用方法的各种制剂产品的总称。例如，乳油、可湿性粉剂、悬浮剂、水乳剂、水分散粒剂等。每种农药剂型都可以包括很多不同产品。如乳油中可以包括40%毒死蜱乳油、40%辛硫磷乳油、4.5%高效氯氰菊酯乳油等。

农药制剂则是农药原药或母药经与农药助剂一起加工后制成的、具有一定有效含量的、可以进行销售和使用的最终产品。从农药经销部门购买、在农田中使用的农药大多属于农药制剂。如将92%阿维菌素原药加工成1.8%阿维菌素乳油或0.9%阿维菌素乳油，将95%腈菌唑原药加工成12.5%腈菌唑乳油或25%腈菌唑乳油等。其中，1.8%阿维菌素乳油或0.9%阿维菌素乳油，12.5%腈菌唑乳油或25%腈菌唑乳油就是农药制剂。

除了农药研究单位、生产企业和贸易公司外，我们在日常生活和农业生产过程中接触到的农药都是特定的农药制剂。根据防治和使用的需要，一种农药原药可以选择加工成多个农药剂型，而每一个农药剂型又可以包含许多不同含量、不同规格的农药制剂。对于一个选定的农药有效成分，剂型的不同预示着不同的制剂和使用中可能不同的防治效果。

这也就是使用中需要进行农药适宜剂型与制剂选择的主要原因。

## 二、农药适宜剂型与制剂选择

### (一)农药适宜剂型与制剂选择的依据

农药适宜剂型与制剂选择主要是针对田间实际喷施的作物或者需要防治的病虫草害等防治对象提出的。

对于目前田间农药施用来说,大多数是采用对水喷雾的使用方式。一般需要经过以下两个步骤:第一,将农药制剂加入水中,稀释成药液;第二,将药液用喷雾器械喷施到作物表面。

在这个过程中,下面几个方面的因素会不同程度地影响到防治效果:①农药制剂加入水中,制剂入水是否能够自发分散,或者经搅拌后能否很好分散;②稀释成的药液在喷施过程中是否稳定,或者说药液中分散的农药颗粒会不会很快向下沉淀;③喷雾器喷出的雾滴能否沉积到待喷施作物或防治对象表面,并牢固地粘住。而这些因素都和使用农药的剂型种类与制剂特性有关系。

通过研究,项目组根据寄主作物叶片特性,把水稻、棉花、小麦、蔬菜、果树等分为两大类。即水稻、小麦、蔬菜中的甘蓝和辣椒、果树中的苹果等,它们叶片表面的临界表面张力较低(小于 30mN/m),属于难润湿(疏水)作物;棉花、蔬菜中的黄瓜、番茄等,它们叶片表面的临界表面张力较高(大于 40mN/m),属于易润湿(亲水)作物。同时我们研究发现,在推荐使用剂量下,登记使用的乳油类产品的药液可以在水稻、小麦、果树、甘蓝等难润湿作物叶面粘着并润湿展布;其他剂型,特别是高含量的可湿性粉剂、水分散粒剂、可溶粉剂、水剂等,则难以在这些作物叶面润湿展布；对于棉花、黄瓜等易润湿作物，登记使用的乳油、可溶液剂等液体剂型在推荐使用浓度下，大都可以较好地在这些作物叶面润湿展布，但可湿性粉剂、水分散粒剂等有的可以，有的则不可以。

因此，为了提高使用农药的防治效果，减少药液从作物叶片滚落流失的量，需要根据待喷施作物叶片类型选择适宜的农药剂型与制剂。

### （二）农药适宜剂型与制剂选择方法

**1. 对于选定的作物和防治对象，首先要选择获得国家登记的合法产品**

我国实行农药登记管理制度，就是所有农药在进入市场销售和使用前必须获得国家农药登记。获得登记的产品都进行了比较规范的药效试验、毒理试验与安全性评价等鉴定，属于合法产品。

**2. 在获得国家登记的合法产品中，优先选择质量好的产品**

每个获得登记的产品都有具体的控制项目要求，技术指标符合或优于标准要求的产品更能保障田间实际施用的效果。

主要剂型与制剂技术指标要求与鉴别方法见后。

**3. 在质量好的产品中，优先选择对喷施作物润湿性好的产品**

农药制剂对水形成的药液首要对待喷施的作物具有好的润湿性，才能形成好的展布与沉积，并最终发挥好的防治效果。

药液对待喷施作物的润湿性，可以使用项目组研究发明的一种快速检测判断药液对待喷施作物湿润展布情况的"润湿展布比对卡"进行测定，其使用规程见后面有关内容。

### （三）典型农药剂型与制剂介绍

按照制剂外观形态，主要分为固体、液体、气体3种农药剂型，在农业上使用的主要是固体剂型和液体剂型。

我国制定的农药剂型名称与代码国家标准（GB/T 19378–2003），规定了120个农药剂型的名称及代码，已获农药登记的剂型有90多种，但常用的仅有十几种。

下面重点介绍农业上常见的剂型种类与主要指标鉴别方法。

1. 可湿性粉剂（WP）

可湿性粉剂是农药的基本剂型之一，由农药原药、载体或填料、表面活性剂（湿润剂、分散剂）等经混合（吸附）、粉碎而成的固体农药剂型。加工成可湿性粉剂的农药原药一般不溶或难溶于水。常用杀菌剂、除草剂大多如此，因此，可湿性粉剂的品种和数量比较大。

对于田间喷雾施用来讲，可湿性粉剂必须具有好的湿润性与分散性。其外观应该是疏松、可流动的粉末，不能有团块；加水稀释可以较好湿润、分散并可搅拌形成相对稳定的悬浮药液供喷雾使用。

可湿性粉剂润湿性与分散性的简便鉴别方法为：在透明矿泉水瓶（或其他透明容器）中加入2/3体积（约300ml）的水，用纸条或其他方便的方式加入约1g制剂。不搅动条件下，如制剂在1min内能润湿、并自发分散到水中，经搅动可以形成外观均匀的悬浮药液，静置10min底部没有明显的沉淀物出现，则可湿性粉剂润湿性与分散性基本符合要求，如图2-1所示。

图 2-1　可湿性粉剂润湿性与分散性

## 2. 水分散粒剂（WG）

水分散粒剂是在可湿性粉剂和悬浮（乳）剂基础上发展起来的颗粒化农药新剂型，一般呈球状或圆柱状颗粒，在水中可以较快地崩解、分散成细小颗粒，稍加摇动或搅拌即可形成高悬浮的农药悬浮液，供喷雾施用。它避免了可湿性粉剂加工和使用中粉尘飞扬的现象，克服了悬浮（乳）剂贮存与运输中制剂理化性状不稳定的问题，再加上制剂颗粒化后带来的包装、贮运及计量上的方便，目前已经成为喷洒用农药制剂的重要剂型之一。

正是由于水分散粒剂是在可湿性粉剂和悬浮（乳）剂基础上发展起来的颗粒化剂型，在其田间实际使用中，除要求其必须具有可湿性粉剂必须具有的润湿性与分散性外，还必须具有良好的崩解性。

水分散粒剂崩解性、润湿性与分散性的简便鉴别方法，可参考可湿性粉剂润湿性与分散性的简便鉴别方法。水分散粒剂入水后能较快下沉并在下沉过程中崩解分散，即表明水分散粒剂具有良好的崩解性；搅动或摇动后可以形成外观均匀的悬浮药液，静置10min底部没有明显的沉淀物出现，则水分散粒剂润湿性与分散性基本符合要求，如图2-2所示）。

## 3. 悬浮剂（SC）

农药悬浮剂是由不溶于水的固体或液体原药、多种

图2-2　水分散粒剂润湿性与分散性沉淀

助剂（湿润分散剂、防冻剂、增稠剂、稳定剂和填料等）和水经湿法研磨粉碎形成的水基化农药剂型，分散颗粒平均粒径一般为 2~3μm，小于可湿性粉剂中药剂的分散颗粒粒径（目前，国家标准规定，可湿性粉剂细度为98%过325目实验筛—44μm即为合格）。因此，对于相同的有效成分，药效一般比可湿性粉剂高。

悬浮剂属于不溶于水的农药颗粒悬浮在水中形成的粗分散体系，贮存中一般存在不稳定性，容易出现分层、底部结块等现象。因此，外观属于悬浮剂首要检查的指标。当选择使用悬浮剂时，应首先检查其外观是否合格。合格的悬浮剂应该是外观均匀、可流动、没有分层或底部结块存在；或稍有分层现象存在，但只要稍加摇动或搅拌仍能恢复匀相，并且对水能较好分散、悬浮，就不影响正常使用。

悬浮剂也是对水稀释后使用的剂型，同样要求具有良好的润湿性与分散性。其润湿性与分散性技术指标的优劣可以参考可湿性粉剂润湿性与分散性的简便鉴别方法进行测定。悬浮剂入水后能自发分散并呈烟雾状下沉，搅动后可以形成外观均匀的悬浮药液，静置10min底部没有明显的沉淀物出现，则悬浮剂润湿性与分散性基本符合要求，如图2-3所示。

图2-3 悬浮剂润湿性与分散性

4.乳油（EC）

乳油是农药最基本剂型之一，是由农药原药、乳化剂、溶剂等配制而成的液态农药剂型。主要依靠有机溶剂的溶解作用使制剂形成匀相透明的液体；利用乳化剂的两亲活性，在配制药液时将农药原药和有机溶剂等以极小的油珠（粒径 1~5μm）均匀分散在水中并形成相对稳定的乳状液供喷雾使用。一般来说，凡是液态或在有机溶剂中具有足够溶解度的农药原药，都可以加工成乳油。

乳油的最主要技术指标是乳化分散性和乳液稳定性，这主要取决于制剂中使用乳化剂的种类和用量。乳油的乳化受水质（如水的硬度）、水温影响较大，使用时最好先进行小量试配，乳化合格再按要求大量配制。如果在使用时出现了浮油或沉淀，药液就无法喷洒均匀，导致药效无法正常发挥，甚至出现药害。

快速鉴别乳油产品的质量好坏，可首先观察外观，静置时乳油是匀相透明的液体，不能分层和有沉淀；摇动后也必须保持匀相透明，不能出现混浊或透明度下降，也不能出现分层或产生沉淀。然后参照可湿性粉剂润湿性与分散性的简便鉴别方法，观察乳油入水的自发分散性与乳液稳定性。制剂入水呈云雾状自发分散下沉，搅拌后形成乳白色乳状液，且放置 10min 没有明显的油状物漂浮或沉在瓶底即基本符合要求，如图 2-4 所示。

图 2-4　油状乳白色乳状液

### 5. 水乳剂（EW）

水乳剂是部分替代乳油中有机溶剂而发展起来的一种水基化农药剂型。是不溶于水的农药原药液体或农药原药溶于不溶于水的有机溶剂所得的液体分散于水中形成的不透明乳状液制剂。与乳油相比，减少了制剂中有机溶剂用量，使用较少或接近乳油用量的表面活性剂，提高了生产与贮运安全性，降低了使用毒性和环境污染风险。

和乳油一样，水乳剂是对水稀释后喷雾使用的农药剂型，在加水稀释施用时和乳油类似，都是以极小的油珠（粒径 $1\sim5\mu m$）均匀分散在水中形成相对稳定的乳状液，供各种喷雾方法施用。其最主要技术指标是乳化分散性和乳液稳定性。

由于制剂中大量水的存在，制剂在贮运过程中会产生油珠的聚并而导致破乳，影响贮存稳定性。所以，使用水乳剂时一般要求先检查制剂的外观，理想的水乳剂产品应该是均相稳定的乳状液，没有分层与析水现象。如果有轻微分层或析水，经摇动后可恢复成匀相者也可以使用。

水乳剂入水分散性与乳液稳定性的快速鉴别和乳油一样。

6. 微乳剂（ME）

从本质上讲，农药微乳剂和水乳剂同属乳状液分散体系。只不过微乳剂分散液滴的粒径比水乳剂小得多，可见光几乎可完全通过，所以我们看到的微乳剂外观几乎是透明的溶液。农药微乳剂比水乳剂分散度高的多，可与水以任何比例混合，而且所配制的药液也近乎真溶液。但这并不代表其药效会比乳油或水乳剂所配制的白色浓乳状药液差，相反由于其有效成分在药液中高度分散、提高了施用后的渗透性，从而提高了药效。否则，如果微乳剂对水稀释配制的药液为白色乳浊液，说明这种微乳剂质量不合格。

另外，微乳剂的稳定性与温度有关，在一定温度范围内，微乳剂属于热力学稳定体系，超出这一温度范围，制剂就会变浑浊或发生相变，稳定性被破坏从而影响使用。

所以，外观是微乳剂的重要技术指标之一。如果买到的微乳剂静置时不是匀相透明的液体，有分层或沉淀；摇动后制剂不再匀相透明，而是出现混浊或透明度下降，则其质量肯定有问题。

#### （四）农药制剂的混合使用

农药制剂的混合使用主要是指使用者在施药现场根据实际需要或产品标签说明将两种或两种以上农药制剂或其药液混配到一起，成为一种混合制剂或药液使用，这完全有别于由生产企业按照一定的配比将两种或两种以上的农药有效成分与各种助剂或添加剂混合在一起加工成固定的剂型和一定规格制剂的农药混配。农药制剂合理混用，可以扩大使用范围、兼治多种有害生物、提高工效；有的还可以提高防效、减缓抗药性产生、避免或减轻药害等。但是，农药制剂混合使用必须遵循一定的原则。

1. 农药制剂混用的原则

（1）保证混用农药有效成分的稳定性：混用后影响农药有效成分稳定性的一种情况是有效成分间存在着物理化学反应。例如，石硫合剂与铜制剂混合就会发生硫化反应，生成有害的硫化铜；多数有机磷酸酯、氨基甲酸酯、拟除虫菊酯类农药与碱性较强的波尔多液、石硫合剂等混合就会发生分解反应。

混用后影响农药有效成分稳定性的另一种情况是混用后药液酸碱性的变化对有效成分稳定性的影响，这也是最常见的一种情况。比如，常见的碱性药剂波尔多液、石硫合剂，常见的碱性化肥氨水、碳酸氢铵的水溶液都呈碱性，多数农药一般对碱性比较敏感，不宜与之混用；常见的酸性药剂如硫酸铜、硫酸烟碱、乙烯利水剂等同样也不适合与酸性条件下不稳定的农药有效成分混用。例如2，4-钠盐或铵盐、2甲4氯钠盐等制剂不适合混用。又如立体构型较单一的高效氯氰菊酯、高效氯氟氰菊酯等一般只在很窄的pH值范围内（4~6）稳定，介质偏酸易分解，介质偏碱易会"转位"，也不适合与上述偏酸或偏碱药剂混合使用。

除了上述两种情况之外，很多农药品种也不宜与含金属离子的药剂混用。例如，二硫代氨基甲酸盐类杀菌剂、2，4-D类除草剂与铜制剂混用可生成铜盐降低药效；甲基硫菌灵、硫菌灵可与铜离子络合而失去活性等。

（2）保证混用后药液良好的物理性状：任何农药制剂在加工生产时，一般只考虑该制剂单独使用时的物理化学性状及技术指标要求，不可能考虑到与其他制剂混用后各项技术指标是否仍符合相关标准要求。因此，任何制剂混合使用时都要考虑混用后对药液物理性状的影响。

一般而言，相同剂型的农药制剂使用相同或相似的表面活性剂，对水稀释后形成的药液也基本属于相同或相似的体系。因此，同种剂型间混用一般不会影响药液的物理性状。但对于不同剂型农药制剂的混用，情况就比较复杂；特别是分别对水稀释后形成的药液物理性状完全不同的制剂混用，就必须考虑混用后对药液物理性状的影响。例如，乳油和可湿性粉剂的混用，乳油对水稀释形成的是水包油微细液滴分散在水中形成的乳状液，而可湿性粉剂对水稀释形成的是微细农药颗粒悬浮在水中形成的悬浮液。这两种完全不同的体系混合后，就可能引起乳状液变差，出现浮油、沉淀等现象；或者影响悬浮液的悬浮性能，出现絮结、沉淀等现象。如果混用会造成药液物理性状恶化，如乳状液破乳、出现浮油，则肯定会影响药效，甚至造成药害。

（3）保证有效成分的生物活性：不同药剂往往具有不同的作用机制或不同的作用位点，如果混用不合理，药剂间产生了颉颃作用就会使药效降低，甚至失去活性。

例如，杀虫隆、定虫隆、伏虫隆、氟虫脲和除虫脲属于苯酰基脲类昆虫几丁质合成抑制剂，其作用机制主要是通过抑制几丁质的合成或沉积以阻止新表皮的形成，从而使昆虫不能正常蜕皮而死亡；而抑食肼和米满属于双苯甲酰基肼类昆虫生长调节剂，其作用机理是促进幼虫蜕皮、抑制其取食而使幼虫死亡。属于两类化学结构不同、作用机理完全相反的化合物，在田间不可随意混合使用。

使用过程中因不合理混用影响药剂生物活性的例子也很多。例如敌稗与有机磷、氨基甲酸酯类农药混用或临近使用容易产生药害即是一个典型的例子。敌稗单独在水稻田使用比较安全，主要是因为水稻植株中有一种可以分解敌稗的酰胺酶，由于有机磷、氨基甲酸酯类农药对这种酶具有一定抑制作用，二者混用就会降低水稻对敌稗的降解作用而容易造成药害。

2. 农药制剂混用的方法

（1）优先选择同种剂型间产品混用。

（2）采用先加水再加药的方式配制药液，并充分搅拌、混合均匀。

（3）推荐使用剂量下，不同剂型间混用，需进行药液稳定性试验。

将混合后的药液放置30min，观察药液外观变化。如果无明显颜色、透明度、浮油、沉淀物等变化，则可对水稀释或混合使用。

此外，也可对光观察药液，判断药液中是否有结晶析出。如果无结晶析出，则可对水稀释或混合使用。

（4）不同剂型间混用时，先将一种剂型对水稀释后再加入另一种剂型混合。

（5）不同剂型桶混时，药液需在1h内喷施完毕。

（6）剂型间混合使用时，可参考表 2-1 所示。

表 2-1　农药剂型混用参考表

| 品种 | | 液体剂型 | | | 固体剂型 | | |
| --- | --- | --- | --- | --- | --- | --- | --- |
| | | 乳油 | 水乳剂 | 微乳剂 | 可湿性粉剂 | 水分散粒剂 | 悬浮剂 |
| 液体剂型 | 乳油 | √ | √ | √ | ? | ? | ? |
| | 水乳剂 | √ | √ | √ | ? | ? | ? |
| | 微乳剂 | √ | √ | √ | ? | ? | ? |
| 固体剂型 | 可湿性粉剂 | ? | ? | ? | √ | √ | √ |
| | 水分散粒剂 | ? | ? | ? | √ | √ | √ |
| | 悬浮剂 | ? | ? | ? | √ | √ | √ |

注："√"表示可以混用，"?"表示混用前需要进行药液稳定性试验

## 三、农药助剂

农药助剂有很多种，这里主要介绍田间使用农药时添加的农药助剂，也叫桶混助剂。

农药桶混助剂属于农药制剂混合使用的特例，是喷雾前添加在药桶（或喷雾器）中的助剂。这类助剂的种类繁多、用量大小不等、作用方式多种多样，但终极目标都是通过改善药液在待喷施作物或防治对象上的附着、展布或渗透（吸收）来提高药效。

### （一）为什么要使用桶混助剂

主要是弥补农药在使用过程中药液对待喷施作物润湿性不足的缺陷。

农药制剂加工中虽然也使用了助剂，但这类助剂主要是为了优化农药的乳化性、悬浮性、湿润性等物理性状或指标，其种类和含量不一定能够满足药液对靶标动植物的湿润与展布。另外，制剂配方中能够加入的助剂种类和用量是有限的，而喷雾条件、

30

喷施作物、防治对象、水质、气候等则千差万别，仅靠加工助剂不可能完全满足农药制剂稳定与使用的所有要求。

正如前面所介绍的，在推荐使用剂量下，多数农药产品的药液难以在水稻、小麦、果树、甘蓝等难润湿作物叶面沾着并润湿展布，喷施后的药液容易从叶面滚落，从而影响防治效果。所以，使用助剂的主要目的就是弥补制剂药液使用中对待喷施作物润湿性不足的缺陷。

图2-5是在药液中添加颜料后拍摄的图片，可以直观地显示药液中添加助剂后对喷施作物（甘蓝）润湿性的改善。未加助剂的药液喷施在甘蓝叶片上，雾滴呈球形水珠，并逐渐由小到大聚并在一起（图2-5a），然后水珠滚落至叶柄基部溢出（图2-5b）；添加助剂后，药液对甘蓝叶片的润湿性得到改善，喷施到叶片上的雾滴不再呈球形水珠，也基本消除了聚并的趋势，形成较好的沉积状态（图2-5c）。

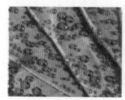  

a. 未加助剂药液的沉积形态　　b. 水珠滚落至叶柄基部溢出　　c. 添加助剂药液的沉积形态

图2-5　农药药液中添加助剂前后药液在植物叶片呈现不同状态

## （二）桶混助剂的选择与使用

目前，市场上销售使用的桶混助剂有很多种，生产或经销商一般都会给出具体的使用说明。需要注意的是，并不是所有的作物或者防治对象都需要使用桶混助剂。

　　上述说过，使用助剂的主要目的是弥补制剂药液使用中对待喷施作物润湿性不足的缺陷；如果选择的剂型或制剂的药液能够较好润湿待喷施作物，则不需要使用桶混助剂。否则，就会因为药液过度润湿、过度展布而流失，反而降低了喷施作物上的药剂量，最终影响了防治效果。

　　比如，水稻、小麦、蔬菜中的甘蓝和辣椒、果树中的苹果等属于难润湿（疏水）作物，在推荐使用剂量下，通常多数农药制剂的药液不能在其表面形成很好润湿，需要使用桶混助剂。但对于棉花、蔬菜中的黄瓜、番茄等易润湿（亲水）类作物，多数农药制剂的药液可以在其表面形成很好润湿，则不需要使用桶混助剂。

　　当然，如果使用低容量喷雾器械，或者采用低容量喷雾技术使用农药，也就是说，单位面积上喷施的药液量减少了，或者说喷出的雾滴更细且均匀了，则桶混助剂可以根据实际需要使用。

　　桶混助剂的选择与使用可以采用项目组研发的农药"润湿展布比对卡"（图2-6）。

| 形态 | 液滴行为 | 助剂用量 | 形态 | 液滴行为 | 助剂用量 |
|---|---|---|---|---|---|
| 1, 2 | 滚落 极少粘附 | ++++ | 5, 6 | 粘附 不能展布 | ++ |
| 3, 4 | 滚落 极少粘附 | +++ | 7, 8 | 粘附 润湿展布 | + |

图2-6　农药"润湿展布比对卡"

## 四、农药"润湿展布比对卡"使用说明

农作物种类多，不同作物的表面特性不同。农药商品多，不同的农药商品在一种作物上的润湿展布性能不同。因此，当农药被喷洒到农作物上时，雾滴的行为方式不同，而农药润湿展布比"对卡"，如图 2-6 所示，很好地反映了农药雾滴在作物表面的行为结果。农药雾滴只有粘附在作物表面并很好的润湿展布才能有最大的覆盖面积，达到最佳保护效果。

农药"润湿展布比对卡"的具体使用方法如下。

将按标签配制的药液点滴在水平放置的待喷施作物的叶片上，观察药液液滴的形状，并与"润湿展布比对卡"进行比对，如图2-7所示。

图 2-7　药液液滴与润湿展布比对卡比较

当药液液滴的形状介于 7~8、或者与 7 或 8 相符时，表明所配制的药液能够在待喷施作物上润湿并展布，不必再在药液中加用助剂或只加少量的助剂。

当药液液滴的形状介于5~6、或者与5或6相符时，表明所配制的药液能够润湿待喷施作物表面，但不能展布。

当药液液滴的形状介于3~4、或者与3或4相符时，表明所配制的药液极易从待喷施作物滚落，只有少量的雾滴能够粘附在待喷施作物表面。

当药液液滴的形状介于1~2、或者与1或2相符时，表明绝

大多数的药液将从待喷施作物表面滚落，药液难以润湿并粘附在待喷施作物上。

当药液液滴的形状介于 1~6 的范围时，可先在配制好的药液中少量逐次加入助剂，再将药液点滴在水平放置的待喷施作物的叶片上，观察药液液滴的形状，并与润湿展布比对卡进行比对，直至液滴形状介于 7~8、或者与 7 或 8 相符为止。记住加入的助剂量，作为同种农药品种在同一种喷施作物上喷雾时，助剂用量的依据。

# 第三章 黄瓜霜霉病和白粉病防治

## 一、黄瓜霜霉病和白粉病发生与为害

### (一) 黄瓜霜霉病

黄瓜霜霉病是一种流行性强、来势猛、传播快、发病重、具有毁灭性特点的黄瓜病害。主要为害黄瓜叶片，也可为害茎、卷须和花梗。俗称"跑马干"、"干叶子"，苗期成株都可受害，主要为害叶片和茎，卷须及花梗受害较少。幼苗期发病，子叶正面发生不规则的褪绿黄褐色斑点，病斑直径 0.2~0.5cm，潮湿时病斑背面产生灰褐色霉状物，严重时子叶变黄干枯。成株发病，发病株先是中下部叶片反面出现水渍状、淡绿色小斑点，正面不显，后病斑逐渐扩大，正面显露，病斑变黄褐色，受叶脉限制，病斑呈多角形。在潮湿条件下，病斑背面出现紫褐色或灰褐色稀疏霉层。严重时，病斑连成一片，叶片干枯。

黄瓜霜霉病是黄瓜栽培中最常见病害之一，由于黄瓜霜霉病发病迅速，且发生普遍。在发病季节，一周左右时间就可使成片的植株发病，一般减产 30%~50%。大发生时，甚至可造成绝收。

### (二) 黄瓜白粉病

白粉病俗称"白毛"，是棚室黄瓜和露地黄瓜常见的侵染性病害。植株任何部分都可发病，其中以叶片最严重，其次是叶柄和茎，一般不为害果实。发病初期，叶片正面或背面产生白色近圆形的小粉斑，逐渐扩大成边缘不明显的大片白粉区，布满叶面，好像撒了一层白粉。抹去白粉，可见叶面褪绿枯黄变脆。发病严重时，叶面布满白粉，变成灰白色，直至整个叶片枯死。白粉病侵染叶柄和嫩茎后，症状与叶片上的相似，但病斑较小，粉状物也少。侵染花器，导致落花。当气候条件不良，植株衰老时，病斑上出现散生或成堆的黑褐色小点。

黄瓜白粉病是黄瓜栽培中常见病害之一，然而在湖南省，仅在温室或保护地有发生。因白粉病影响叶片的光合作用，影响黄瓜后期生长，造成黄瓜减产，一般年份减产在 10% 左右，流行年份减产 20%~40%。

## 二、黄瓜霜霉病和白粉病诊断方法

### (一) 识别特征

#### 1. 黄瓜霜霉病

霜霉病是黄瓜上最常见的一种病害，苗期、成株期均可发病，主要为害叶片。子叶被害期初呈褪绿色黄斑，扩大后变黄褐色。真叶染病，叶缘或叶背面出现水浸状病斑，受叶脉限制，呈多角形淡褐色或黄褐色斑块，湿度大时叶背面或叶面长出灰黑色

a                                    b

图 3-1　黄瓜霜霉病及其为害状

霉层即病菌孢囊梗及孢子囊。后期病斑破裂或连片，致叶缘卷缩干枯，严重的田块一片枯黄，如图3-1a和图3-1b所示。

2. 黄瓜白粉病

俗称"白毛病"，以叶片受害最重，其次是叶柄和茎，一般不为害果实。发病初期，叶片正面或背面产生白色近圆形的小粉斑，逐渐扩大成边缘不明显的大片白粉区，布满叶面，好像撒了层白粉。抹去白粉，可见叶面褪绿，枯黄变脆。白粉病侵染叶柄和嫩茎后，症状与叶片上的相似，惟病斑较小，粉状物也少。发病严重时，叶面布满白粉，变成灰白色，直至整个叶片枯死，如图3-2a和图3-2b所示。

a　　　　　　　　　　　　　　b

图3-2　黄瓜白粉病

（二）侵染循环

1. 黄瓜霜霉病

黄瓜霜霉病在我国黄瓜种植区终年不断发生为害。在我国北方，该病害主要以温室和塑料大棚内的黄瓜上产生孢子囊，成为第二年温室和塑料大棚黄瓜的主要侵染源。塑料大棚里的病菌也可传到露地，成为第二年露地黄瓜的初侵染源。在我国南方，病菌以卵孢子随病残体越冬，成为翌年初侵染源。

2. 黄瓜白粉病

黄瓜白粉病在我国北方地区，病菌以闭囊壳随病残体在地上或保护地瓜类作物上越冬，南方地区以菌丝体或分生孢子在寄主上越冬越夏。翌年条件适宜时，分生孢子萌发借助气流或雨水传播到寄主叶片上，5d 后形成白色菌丝状病斑，7d 成熟，形成分生孢子飞散传播，进行再侵染。

## 三、黄瓜霜霉病和白粉病发生条件

黄瓜霜霉病和白粉病的发生流行和为害程度与其发生时间，气候条件等因素密切相关。

（一）气候条件

（1）黄瓜霜霉病：最适宜发病温度为 16~24℃，低于 10℃或高于 28℃，较难发病，低于 5℃或高于 30℃，基本不发病。适宜的发病湿度为 85% 以上，特别在叶片有水膜时，最易受侵染发病。湿度低于 70%，病菌孢子难以萌发侵染，低于 60%，病菌孢子不能产生。

（2）黄瓜白粉病：最适温度为 20~25℃，超过 30℃或低于 10℃时病菌受到抑制。白粉病菌对湿度的适应性较广，湿度越大越利于病菌孢子的萌发，但是相对湿度低于 25% 时，病菌仍能萌发。

（二）发生时间

1. 黄瓜霜霉病

黄瓜霜霉病在温室、保护地周年都可发生，露天黄瓜发生盛期为春黄瓜 4 月中下旬开花后，秋黄瓜整个生育期都可为害，发生盛期为 7 月底至 9 月底。

2.黄瓜白粉病

黄瓜白粉病主要在温室大棚内的黄瓜上发生，发病盛期主要 5 月上中旬和 7 月下旬为害保护地黄瓜。露地黄瓜该病害发生极少。

## 四、黄瓜霜霉病和白粉病防治技术

### （一）常规防治技术

1.黄瓜霜霉病

（1）因地制宜选用抗病品种。

（2）药剂防治：保护地棚室可选用烟雾法或粉尘法。①烟雾法，在发病初期 667m$^2$ 用 45% 百菌清烟剂 200g，分放在棚内 4~5 处，用香或卷烟等暗火点燃，发烟后闭棚，熏 1 夜，次晨通风，隔 7d 熏 1 次，可单独使用，也可与粉尘法、喷雾法交替轮换使用。粉尘法于发病初期傍晚用喷粉器喷撒 5% 百菌清粉尘剂，或用 5% 加瑞农粉尘剂，每 667m$^2$ 每次施药次 1kg，隔 9~11d 施 1 次。②喷雾法，发现中心病株后首选 70% 乙膦·锰锌可湿性粉剂 500 倍液或 72.2% 普力克水剂 800 倍液、58% 雷多米尔—锰锌可湿性粉剂或 72% 杜邦克露或克霜氰或霜脲锰锌可湿性粉剂 600~700 倍液、72% 霜霸可湿性分剂 700 倍液、72% 霜疫清或 56% 霜霉清可湿性分剂 750 倍液、75% 百菌清可湿性粉剂 600 倍液、64% 杀毒矾可湿性粉剂 400 倍液，每 667m$^2$ 喷药液 60~70L，隔 7~10d 施 1 次（参见附录表 1）。

2.黄瓜白粉病

（1）选用抗病品种。

（2）大棚、温室等保护地：定植前几天，将大棚、温室密闭,先用硫磺粉或百菌清烟剂熏蒸消毒。每 $100m^3$ 用硫磺粉 250g、锯末 500g 掺匀后,分别装入小塑料袋,分放在大棚或温室内,于晚上点燃熏蒸 1 夜,或用 45% 百菌清烟剂每 $667m^2$ 施用 250g(中、小棚用量酌减),分放 4~5 个地点,点燃后密闭 1 夜。

(3)生长期药剂防治:发病初期,喷洒 15% 粉锈宁可湿性粉剂 1 500 倍液,或用 20% 三唑酮乳油 1 500~2 000 倍液,或用 30% 特富灵可湿性粉剂 1 500~2 000 倍液,或用 50% 硫磺悬浮剂 250~300 倍液。以上药剂可交替使用,每 7~10d 喷一次,连续喷 3~4 次。喷药的技术要点是早预防,午前施用防治,喷药要求周到(参见附录表 2)。

## (二)高效安全施药技术

### 1. 配方选药技术

采用叶盘漂浮法测定试验,筛选出两个对黄瓜霜霉病具有增效作用的药剂组合(霜脲氰和嘧菌酯质量比分别为 5:5 和 7:3),田间采用商品制剂,进行"现混现用",这两个增效作用的组合物对黄瓜霜霉病的防控效果好,且药效期较单剂长,对黄瓜无不良影响,如附录表 1 所示。

### 2. 高效施药技术

(1)雾滴卡:喷雾前,先用雾滴卡测试喷头喷出雾滴大小,应根据当地条件,尽可能选择雾滴较小的喷头。

(2)润湿卡:按照附录推荐的药剂,根据敏感度快速诊断试剂盒结果,选择敏感度高的药剂,进行桶混,喷雾前,选取黄瓜叶片一片,平置,喷少量或滴一滴药液在叶片上,与湿润卡比对,如果液滴成球形,则应加入如附录中的助剂,然后喷雾。

附录表 1 黄瓜霜霉病防治配方施药技术推荐表

| 序号 | 药剂名称 | 商品名 | 通用名 | 用量 | 使用时期 | 使用方法 |
|---|---|---|---|---|---|---|
| 1 | 25% 嘧菌酯 SC | 阿米西达 | 嘧菌酯 | 1 500 倍稀释 | 发病初期 | 喷雾 |
| 2 | 30% 霜脲氰 WP | 霜脲氰 | 霜脲氰 | 2 000 倍稀释 | 发病初期 | 喷雾 |
| 3 | 25% 精甲霜灵 | 雷多米尔 | 精甲霜灵 | 1 000 倍稀释 | 发病初期 | 喷雾 |
| 4 | 35% 精甲霜灵 FS | 精甲霜灵 | 精甲霜灵 | 50g/100kg 种子 | 播种前 | 拌种 |
| 5 | 霜脲氰和嘧菌酯组合物 | – | – | 1 500 倍稀释 5:5 和 7:3 | 发病初期 | 喷雾 |

附录表 2 黄瓜白粉病防治配方施药技术推荐表

| 序号 | 药剂名称 | 商品名 | 通用名 | 用量 | 使用时期 | 使用方法 |
|---|---|---|---|---|---|---|
| 1 | 250g/L 吡唑醚菌酯乳油 | | 吡唑醚菌酯 | 20~40ml | 发病初期 | 喷雾 2~3 次兼治霜霉病 |
| 2 | 4% 四氟醚唑水乳剂 | 朵麦可 | 四氟醚唑 | 75~100g | 发病初期 | 喷雾 2~3 次 |
| 3 | 30% 氟菌唑可湿性粉剂 | | 氟菌唑 | 15~20g | 发病初期 | 喷雾 2~3 次 |
| 4 | 10% 苯醚甲环唑水分散粒剂 | | 苯醚甲环唑 | 50~80g | 发病初期 | 喷雾 2~3 次 |
| 5 | 50% 醚菌酯水分散粒剂 | | 醚菌酯 | 12~20g | 发病初期 | 喷雾 2~3 次 |
| 6 | 4 与 5 混配使用 | | – | 10% 苯醚甲环唑 80g+50% 醚菌酯 8~10g | 发病初期 | 喷雾 2~3 次 |

# 第四章 番茄灰霉病防治

## 一、番茄灰霉病发生与为害

灰霉病是日光温室和塑料大棚等设施栽培番茄上普遍发生的重要病害，一般发生于春季和秋季。除为害番茄外，还可为害茄子、辣椒、黄瓜、瓠瓜等 20 多种作物。低温、连续阴雨天气较多的年份为害严重，造成茎叶枯死和大量的烂花、烂果，减产可达 30% 以上，严重影响番茄的产量和质量。

## 二、番茄灰霉病诊断方法

番茄灰霉病主要发生在花期和结果期，可为害花、果实、叶片和茎及幼苗，但以果实受害最重。

### （一）幼苗感病症状

幼苗感病时叶片和叶柄上产生水浸状腐烂，之后干枯，表面产生灰霉，严重时可扩展到幼茎，使幼茎产生灰黑色病斑，腐烂折断，如图 4-1 所示。

图 4-1 番茄幼苗感病症状

### （二）叶片感病症状

叶片发病多由叶尖开始，病斑呈 "V" 字形向内扩展，初期为水浸状、浅褐色，边缘可见不规则、深浅相间的轮纹，后干枯，湿度大时病部有灰色霉层（俗称灰毛毛），干燥时病斑呈灰白色枯死，如图4-2a和图4-2b所示。

a　　　　　　　　　　　　b

图4-2　番茄叶片感病症状

（三）茎部感病症状

茎部染病初为水浸状小点，后扩展为椭圆形或长条形病斑，湿度大时病斑上出现灰褐色霉层，严重时引起病部以上枯死，如图4-3所示。

（四）果实感病症状

果实发病在植株上有明显的自下而上垂直发生的特点，以基部向上第一、第二穗果实发病最重；果

图4-3　番茄茎部感病症状

实感染以青果期为主，不论青果大小均可被为害，一般先从残留的柱头或花瓣、花托等处开始，后向果面和果梗发展，果皮变成灰白色、水浸状软腐，病部长出灰绿色绒毛状霉层，后期病部产生黑褐色鼠粪状菌核；有时在青果上出现直径5~10mm的淡绿色至白色圆斑，不凹陷，不腐烂，圆斑中部为浅褐色粉状凸起，俗

称"鬼斑状",如图4-4a、图4-4b、图4-4c和图4-4d所示。

图4-4  番茄果实感病症状

（五）花萼感病症状

花萼感病时变为暗褐色，随后干枯，如图4-5所示。

图4-5  番茄花萼感病症状

## 三、番茄灰霉病发生条件

番茄灰霉病的发生流行和为害程度，与番茄灰霉病的菌源、品种抗性、气候条件以及栽培管理等因素密切相关。

### （一）菌源

番茄灰霉病的病原是灰葡萄孢菌（*Botrytis cinerea* Pers.），属于半知菌的一种真菌。在番茄种植区灰霉病的菌源存在与否及其处理情况是番茄灰霉病发生流行的前提条件。

### （二）品种抗性

目前，已知大红硬果番茄比粉红果番茄对灰霉病抗性强。如瑞丽、玛格丽特、以色列 189、台湾百利等。推广应用高抗灰霉病番茄品种是防治番茄灰霉病的基础。

### （三）栽培管理

植株徒长、棚室透光差、光照不足易发病；管理不当、粗放耕作、栽培密度大、氮肥不足或过量、缠秧绑架过晚、灌水后放风排湿不及时、阴雨天灌水、病果及病叶不及时清理等易发病。因此，一般温棚番茄起垄栽培、地膜覆盖、膜下浇水结合墙上再贴薄膜利用反光增加棚内光照的发病轻，而且能够提高植株生长势，增加产量。田间管理是减少灰霉病发生的基本措施。

### （四）气候条件

温室和大棚内低温高湿是灰霉病发生流行的主要因素，湿度是流行的主导因素。灰霉病最适宜发病温度为 20~23℃，低于4℃或高于32℃很难发病；灰霉病对湿度要求严格，空气相对湿度达到90%时开始发病，高湿维持时间长，发病严重。连阴天、寒流天、浇水后湿度增大易发病。

### （五）番茄灰霉病发生时间

早春和秋末两个时期是发病高峰期。东北生态区一般年份早春温室番茄灰霉病在叶片上表现为明显的始发期、盛发期和末发期3个阶段：定植后3月初至4月上旬为叶部灰霉病的始发期，该时期病情平稳发展；4月上旬至4月下旬，为叶部灰霉病的上升期，此时病害发展迅速；4月下旬至5下旬为该病发生高峰期，但年度间有差异。番茄灰霉病的病果发生期多出现在定植后20~25d，3月底第一穗果开始发病，之后病果迅速上升，4月中旬至5月初进入盛发期；以后随着温度升高，放风量加大，病情扩展缓慢；第二穗果多在4月上旬末开始发病，之后病果率迅速增长，4月底至5月初进入发病高峰；第三穗果在第二穗果发病后15d开始发病，病果增至5月初期开始下降。

不同地区因气候条件不同灰霉病发生时间也有差异，随地域南移灰霉病发生时间提前。如山东省、河北省等地春季大棚内发病在3月中旬至4月上旬开始发病，4月中旬进入发病高峰；5月上中旬以后，棚内温度达30℃以上，即使湿度较高发病也较轻；秋季则是10月下旬为发病初期，12月上旬进入发病高峰。

### （六）番茄灰霉病侵染循环

该病菌主要以菌核（寒冷地区）、菌丝体及分生孢子（温暖地区）随病残体在土壤里越冬，在我国南方的病菌也可以在保护栽培设施内终年存活。条件适宜时，菌核萌发产生菌丝和分生孢子，借气流或农事操作传播到果实、叶片上，从伤口、衰弱或枯死组织侵入，进行初侵染，尤其花凋谢时的死亡组织更易侵入。番茄发病后病组织上产生的分生孢子经传播进行多次再侵染而使病害扩展蔓延。植株收获后，病菌又随病残体进入土壤中越冬或越夏。开花后期是灰霉病侵染的关键时期。粘在果实上萎蔫的花瓣和柱头是灰霉菌侵染果实最重要的桥梁。

## 四、番茄灰霉病防治技术

番茄灰霉病的防治应遵循"预防为主，综合防治"的原则。

### （一）常规防治技术

1.农业防治

（1）栽培抗病品种：各地应根据当地种植情况选择抗病品种，并选用无病繁种田的种子。

（2）加强栽培管理：保护地主要是控制棚室的温度和湿度。合理密植，加强通风管理，降低空气湿度，防止结露；阴天要打开通风口换气；看天气浇水，小水勤浇，避免大水漫灌和阴天浇水或浇水后遇连阴天，发病田减少浇水量，必须浇水时，则应在上午进行，且水量要小；最好采用高垄栽培膜下暗灌；加强肥水管理，防止植株早衰。

（3）清理田园：由于番茄灰霉病菌繁殖量大，可以进行多次再侵染。因此，及时摘除粘附在果实上或落在地上的花瓣和柱头、病花和病叶、病果和病枝，带出田外，集中深埋，切不可乱丢乱放，以减轻番茄灰霉病的发生。

2.药剂防治

（1）防治时间：防治番茄灰霉病一般应在发病前或初期用药。

（2）防治药剂：目前，农户主要选用下列药剂轮换使用。50%速克灵可湿性粉剂 1 000 倍液、50%扑梅因可湿性粉剂 1 000 倍液、65%甲霉灵可湿性粉剂 800 倍液、40%施佳乐悬浮剂 1 000 倍液、50% 农利灵可湿性粉剂 500 倍液、50% 多菌灵可湿性粉剂 500 倍液、75% 百菌清可湿性粉剂 500 倍液。保护地还会选用烟剂、粉尘剂。例如，百菌清、速克灵烟剂，百菌清、甲霉灵粉尘剂。

### （二）高效安全科学施药技术

番茄灰霉病的常规化学防治通常选用单一药剂，或同种不同名的药剂，但药剂的选择、稀释以及施用不当，往往很难达到良好的防治效果。在实际防治当中，往往会出现如下问题。

（1）不了解灰霉病菌对常用药剂的抗药性发生情况而盲目用药：例如，多菌灵、嘧霉胺、乙霉威、异菌脲及其复配制剂在一些种植区已使用多年，病菌对这些药剂已普遍产生抗药性，继续使用会降低药效，使防治失败。

（2）不了解药剂的有效成分：虽然将不同药剂轮换使用，但有些药剂的商品名不同，实际上有效成分相同或属于同一类药剂。例如腐霉利又名速克灵、消霉灵、杀霉利、黑灰净、必克灵、扫霉特、克霉宁、灰霉灭、灰霉星等；扑海因又名异菌脲、异菌咪、异丙定；嘧霉胺又名施佳乐、菌萨、蓝潮、霉格等；乙霉威又名保灭灵、万霉灵、抑菌威、硫菌霉威；乙烯菌核利又名农利灵、灰霉利、烯菌酮；而多菌灵与甲基硫菌灵也属于同一类药剂。不同名称、同一成分的药剂轮换使用还是会增加病菌抗药性，造成防治效果降低。

（3）药剂随意桶混、加大用药浓度，致使用药成本提高、病菌抗药性产生以及出现田间药害：一些农户在喷药时为了达到较高的防效或兼治其他病虫害，往往将多种药剂混在一起使用，对药剂之间的可混性了解不够。

（4）见病用药：番茄灰霉病发病后会产生大量分生孢子并随气流和农事操作迅速扩散，所以，此病预防容易治疗难，如果看到病情发生再用药就已经有了大量的潜伏菌源，大大增加了防治成本和难度。

（5）用药时机有误：浇水前不喷药，浇水后又由于行间泥泞不能马上喷药，棚内湿度增大适于发病，致使病害迅速蔓延。

（6）为了省工省事，整个季节都使用烟剂或粉尘剂：其后果致使植株出现药害、叶片无光泽，并且烟剂和粉尘剂成分种类很少，每个季节使用10~20次，连年多次使用同一成分的药剂病菌抗药性会逐年提高，病害发生较重。

基于上述问题，2009年以来，公益性行业（农业）科研专项《农药高效安全科学施用技术》项目研究团队经近5年的协作攻关，通过进行常用防治药剂对番茄灰霉病菌敏感性时空变异的研究，科学筛选出对番茄灰霉病具有理想防效的单剂和现场桶混药剂优选配方，提出了一整套高效安全防治番茄灰霉病的田间适期施药和精准施药技术体系。

1. 科学选药

科学选药是前提。长期使用单一杀菌剂防治番茄灰霉病，会导致灰霉病菌的敏感性降低（或抗药性产生）。因此，根据番茄灰霉病菌对常用杀菌剂的敏感性变化，科学选用有效单剂或桶混优选配方是高效安全防治番茄灰霉病的前提条件。

（1）选用安全高效的单剂：2009—2012年，番茄灰霉病菌对常用杀菌剂的敏感性测定结果表明，番茄灰霉病菌对腐霉利、多菌灵、嘧霉胺、乙霉威、甲基硫菌灵及其复配制剂的敏感度已普遍降低，对异菌脲的敏感度虽在有些地区有所降低，但相对以上药剂来说还是处于一个相对敏感的水平，可以继续使用。番茄灰霉病预防容易治疗难，因此，其化学防治必须要在发病前或发病初期进行。下列单剂可作为有效防治番茄灰霉病的药剂优先推荐使用。

目前，可选择的番茄灰霉病菌敏感度高的药剂有：生防制剂1 000亿个活芽孢/g枯草芽孢杆菌可湿性粉剂1 000倍液、0.3%丁子香酚可溶液剂600倍液、2亿个活芽孢/g木霉菌可湿性粉剂600倍液；保护剂75%百菌清600倍液、50%异菌脲悬浮剂1 000倍液；具有治疗作用的药剂50%咯菌腈可湿性粉剂5 000倍液、50%啶酰菌胺水分散粒剂1 250倍液和25%啶菌恶唑乳油1 000倍液等。

（2）使用优选的桶混配方：为了避免或延缓番茄灰霉病菌对杀菌剂的敏感性降低，提高防治效果，延长药剂的使用年限，项目组以三个有效单剂为复配药剂，科学筛选出两个对番茄灰霉病具有理想防效的现场药剂桶混优选配方：

①50%啶酰菌胺水分散粒剂（凯泽）。25%吡唑醚菌酯乳油（凯润）（有效成分2∶1），田间现场桶混时，在每15kg水中分别加入50%啶酰菌胺水分散粒剂6g和25%吡唑醚菌酯乳油6ml，混合均匀后进行喷雾。

②50%啶酰菌胺水分散粒剂（凯泽）。25%嘧菌酯悬浮剂（阿米西达）（有效成分2∶1），田间现场桶混时，在每15kg水中分别加入50%啶酰菌胺水分散粒剂6g和25%嘧菌酯悬浮剂6ml，混合均匀后进行喷雾。

以上配方具有较强的增效杀菌活性，可以进行桶混使用。不仅对灰霉病有很好的防治效果，对番茄叶霉病也有较好的兼治作用。一般7~10天喷药1次，将药液均匀地喷洒在番茄植株上，注意不同种类药剂轮换使用。

（3）选用合适剂型和助剂：番茄叶片较易为水润湿，防治番茄灰霉病药剂的剂型主要有悬浮剂、可湿性粉剂、水分散粒剂等，这些药剂在推荐使用的农药用量下，药液均可在番茄叶表形成较好润湿，可以直接喷雾使用。

农民朋友也可以使用本项目组研究发明的"润湿展布比对卡"来选择合适的剂型、助剂以及桶混时助剂的最佳使用量，"润湿展布比对卡"是一种快速检测判断药液的对靶标沉积即湿润展布情况的技术，其使用方法如下。

①将药剂按推荐用量稀释后，取少许药液点滴在水平放置的番茄叶片上，观察药液液滴的形状，并与"润湿展布比对卡"进行比对，如图4-6a和图4-6b所示。

②药液迅速展开，液滴的形状介于7~8、或者与7或8相符时，表明所配制的药液能够在蔬菜叶片上粘附并展布，可直接喷雾使用。

③药液不能迅速展开，液滴的形状介于1~6的范围时，可在配制好的药液中少量逐次加入助剂，比较液滴形状，直至介于7~8、或者与7或8相符后，再进行喷雾。

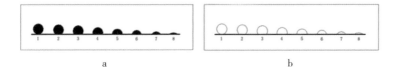

a　　　　　　　　　　　b

图4-6　润湿展布比对卡

## 2. 适期施药

适期施药是关键。药剂的施药时间是否恰当，直接影响番茄灰霉病的防治效果，如果施药时间选择不当，即使药剂选择正确也不能取得好的防效。因此，番茄灰霉病的施药适期应把握"早期预防、及时用药"的原则。田间施药时，推荐选用上述安全高效的单剂和现场药剂桶混优选配方，具体施药方案如下。

（1）在番茄苗定植移栽前喷一次药，以确保无病苗进入棚室：一般使用75%百菌清可湿性粉剂600倍液或50%异菌脲悬浮剂1 000倍液喷雾；在很少使用或未使用过多菌灵、速克灵的种植区可使用50%多菌灵可湿性粉剂500倍液或50%速克灵可湿性粉剂1 000倍液。

（2）定植后结合蘸花施药：在配好的2~3kg蘸花药液中加入10ml 2.5%咯菌腈悬浮剂（适乐时）或在蘸花药液中加入0.1%的50%扑海因悬浮剂，充分混匀后蘸花或喷花预防灰霉病。

（3）预防性用药：灰霉病防治一定要以预防为主，并且尽量减少化学药剂的使用。发病前可使用生防制剂1 000亿个活芽孢/g枯草芽孢杆菌可湿性粉剂1 000~1 500倍液、或用0.3%丁子香酚可溶液剂500~700倍液、或用2亿个活芽孢/g木霉菌可湿性粉剂600~800倍液；也可使用化学药剂75%百菌清800倍液、50%异菌脲悬浮剂1 000倍液等。以上药剂在发病前使用，交替喷雾，间隔7~10d。

若遇阴雨天时间较长，为降低棚室内湿度也可施用45%百菌清烟雾剂或10%速克灵烟雾剂，每次每667m$^2$用药量250g。

（4）治疗性用药：发病初期使用50%咯菌腈可湿粉（卉友）5 000倍液、50%啶酰菌胺水分散粒剂（凯泽）1 250倍液、25%啶菌噁唑乳油1 000倍液或每15kg水加50%啶酰菌胺水分散粒剂6g+25%吡唑醚菌酯乳油（凯润）6ml或50%啶酰菌胺水分散粒剂6g+25%嘧菌酯悬浮剂（阿米西达）6ml，嘧霉胺使用较少的地区可以使用40%嘧霉胺悬浮剂（施佳乐）600倍液交替施用，间隔 7d 左右。

3. 注意事项

灰霉病预防容易防治难，主要以预防为主；田间摘除病果及病花叶时一定要装入塑料袋中，并带出大棚进行掩埋，防止人为传播；棚温达到发病温度时浇水前要用一次药，防止浇水后不能及时用药且湿度大造成病害集中发生；注意及时放风调节棚室温湿度。使用药剂要注意不同种类药剂轮换使用，以免病菌产生抗药性。

4. 精准施药

精准施药是控制番茄灰霉病的有效保障。农药的科学使用应做到高效安全和精准，高效是前提，安全是条件，精准是途径。因此，精准施药时要求做到"三准"：一是药剂选用要准，二是药液配对要准，三是田间喷雾要准。

（1）药剂选用要准：药剂选用要准，即要"对症下药"。农户应根据当地历年防治番茄灰霉病药剂的使用情况，正确选择有效单剂或桶混优选配方进行交替轮换使用（推荐药剂及桶混配方见附录表 3 所示）。

（2）药液配对要准：药液配对时要求准确计量和正确稀释。药液配对前应仔细阅读说明书，严格按推荐剂量和施药面积准确量取药液和稀释剂（水），保证计量准确。正确稀释农药，既可以使某些难溶或用量较少的农药得以充分溶解、混合均匀，以提高防治效果，还可以避免或减轻药害的发生，减少中毒的危险。

药液配对稀释时，要坚持采用"母液法"即两级稀释法。

①一级稀释。准确量取药剂加入桶、缸等容器，然后加入适量的水（2kg 左右）搅拌均匀配制成母液。

②二级稀释。将配制的母液加入桶、缸等容器，再加入剩余

的水搅拌，使之形成均匀稀释液。

使用背负式喷雾器时，可以在药桶内直接进行两次稀释。先在喷雾器内加少量（2kg）的水，再加入准确量取的药剂，充分摇匀，然后将剩余的水加入搅拌混匀后使用。

（3）田间喷雾要准：

①喷雾时间。田间喷雾要准确掌握喷雾的时机，防治番茄灰霉病应选在病害发生初期及时用药，并力求做到对靶喷雾和均匀周到。喷药时间一般选择 16：00 点以后喷药，早上叶片有露水不宜喷药，中午日照强，药液挥发快，不宜喷药。

②喷雾质量。"雾滴密度测试卡"和"雾滴密度比对卡"是项目组针对药液在田间实际喷雾效果而研制的一种快速检测农药喷雾质量的技术，可供农民直接使用，如图 4-7a 和图 4-7b 所示。此卡除检测雾滴分布、雾滴密度及覆盖度外，还可用来评价喷雾机具喷雾质量以及测定雾滴飘移。使用方法如下。

喷雾前根据喷雾器的喷洒范围将"雾滴测试卡"分散置于番茄植株或叶片上，喷雾结束后，待纸卡上的雾滴印迹晾干后，收集测试卡，观测计数，并与配备的"标准雾滴卡"进行比对，番

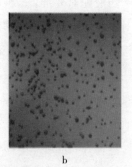

a                        b

图 4-7　雾滴密度测试卡

茄上防治病害时，雾滴密度控制在 200~240 个 /cm² 即可。

5. 雾滴密度测试卡喷雾前后对比图

根据农药在植物叶片上喷雾密度状态，可以简单地划分为以下 8 种情况，如图 4-8 所示。

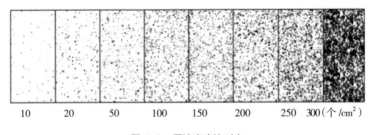

图 4-8　雾滴密度比对卡

使用雾滴密度测试卡和雾滴密度比对卡时应注意以下情况。

（1）使用中：请戴手套及口罩操作，防止手指汗液及水汽污染卡片。

（2）使用时：可用曲别针或其他工具将测试卡固定于待测物上，不可长时间久置空气中，使用时应现用现取。

（3）喷雾结束后：稍等片刻待测试卡上水分晾干后，及时收集纸卡，防止空气湿度大导致测试卡变色，影响测试结果；如果测试卡上雾滴未干，不可重叠放置，也不可放在不透气的纸袋中。

（4）室外使用时：阴雨天气或空气湿度较大时不可使用。

（5）实验结束后：若要保存测试卡，可待测试卡完全干燥后密封保存。

（6）不用时：放置在阴凉干燥处，隔绝水蒸气以防失效。

附录表3　番茄灰霉病防治配方施药技术推荐表

| 序号 | 药剂名称 | 商品名 | 通用名 | 用量 | 使用时期 | 使用方法 |
|---|---|---|---|---|---|---|
| 1 | 2.5% 咯菌腈悬浮剂 | 适乐时 | 咯菌腈 | 10ml/2~3kg 蘸花药液 | 花期 | 蘸花 |
| 2 | 1 000 亿个活芽孢 /g 枯草芽孢杆菌可湿性粉剂 | 枯草芽孢杆菌 | 枯草芽孢杆菌 | 1 000 倍液 | 发病前 | 喷雾 |
| 3 | 0.3% 丁子香酚可溶液剂 | 灰润 | 丁子香酚 | 600 倍液 | 发病前 | 喷雾 |
| 4 | 2 亿个活芽孢 /g 木霉菌可湿性粉剂 | 木霉菌 | 木霉菌 | 600 倍液 | 发病前 | 喷雾 |
| 5 | 50% 异菌脲悬浮剂 | 扑海因 | 异菌脲 | 1 000 倍液 | 发病前 | 喷雾 |
| 6 | 50% 啶酰菌胺水分散粒剂 | 凯泽 | 啶酰菌胺 | 1 250 倍液 | 发病前或初期 | 喷雾 |
| 7 | 50% 咯菌腈可湿性粉剂 | 卉友 | 咯菌腈 | 5 000 倍液 | 发病前或初期 | 喷雾 |
| 8 | 25% 啶菌噁唑乳油 | 菌思奇 | 啶菌噁唑 | 1 000 倍液 | 发病前或初期 | 喷雾 |
| 9 | 40% 嘧霉胺悬浮剂 | 施佳乐 | 嘧霉胺 | 600 倍液 | 发病前或初期 | 喷雾（使用较少地区可用） |
| 10 | 15kg 水加 50% 啶酰菌胺水分散粒剂 6g+25% 吡唑醚菌酯乳油（凯润）6ml | | | | 发病前或初期 | 喷雾 |
| 11 | 15kg 水加 50% 啶酰菌胺水分散粒剂 6g+25% 嘧菌酯悬浮剂（阿米西达）6ml | | | | 发病前或初期 | 喷雾 |

# 第五章　蔬菜烟粉虱防治

## 一、蔬菜烟粉虱发生与为害

烟粉虱是为害蔬菜作物的重大害虫之一，由于难以防治被誉为世界性的"超级害虫"。该虫是一种由 30 余种生物型（或称为隐种）组成的世界性重要农业害虫。烟粉虱寄主植物多达 600 多种，蔬菜作物中主要为害黄瓜、番茄、茄子、豇豆、菜用大豆、芥蓝和花椰菜等多种蔬菜。烟粉虱以成虫、若虫聚集在叶背刺吸叶片造成为害，可造成蔬菜营养不良，长势衰弱，引起蔬菜的叶片、果实凋零脱落，使蔬菜减产 10%~50%，严重时高达 80%；成虫和若虫还大量分泌蜜露，堆积、污染叶面、嫩梢和果实，堵塞气孔，蜜露含糖和多种氨基酸，在潮湿条件下极易诱发煤污病流行，阻碍寄主植物的呼吸、蒸腾和光合作用，造成减产并降低蔬菜产品的品质和商品价值，如图 5-1a、图 5-1b 和图 5-1c 所示。最重要的是可传播双生病毒引起番茄黄化曲叶病毒病，造成

a　　　　　　　　b　　　　　　　　c

图 5-1　烟粉虱聚集蔬菜叶片引起的为害状

的损失更严重。2008 年以来在我国由南至北大面积暴发的番茄黄化曲叶病毒（TYLCV）病由烟粉虱传播，此病造成我国多个省份番茄生产的严重减产，局部地区整棚绝收（图 5-2）。

图 5-2　由烟粉虱传播引起的番茄黄化曲叶病毒病

烟粉虱发育速率快，繁殖率高，暴发性强。由于该虫在植物叶背取食为害，隐蔽性强，加上成虫具飞翔能力，给防治带来了很大的困难。特别是最近几年，烟粉虱的生物型发生了显著改变。以往发生为害的烟粉虱生物型主要是 B 型，目前在我国大部分地区已经转变成 Q 型，由于 Q 型烟粉虱的适生性更强，耐药性显著高于 B 型，传播植物双生病毒病的能力更强，因此为害更严重，田间防治该虫也面临更大的挑战。

## 二、蔬菜烟粉虱诊断方法

烟粉虱在各地发生非常普遍，在一些地区，如东北地区（吉林等省）、北方地区（北京市、山东省等省市）、南方部分冷凉地区（贵州省、云南省等省区）常和温室白粉虱混合发生。所以，下面粗略介绍一下二者的识别特征（尤其是成虫特征），以帮助农户进行更快速准确的识别。

烟粉虱和温室白粉虱的个体发育分成虫、卵、若虫3个阶段。两种粉虱的卵均为长椭圆形，顶部较尖，底部有1短细卵柄插入叶片以获得水分，若虫的第4个龄期通常被称为伪蛹（红眼期）。烟粉虱与温室白粉虱外形相似，但也有明显的区别，田间主要依靠肉眼对其成虫的大小、体色、翅膀的合拢与否等特征来进行种类识别。温室白粉虱和烟粉虱体翅均覆盖有蜡粉。温室白粉虱成虫体长1~1.5mm，稍大较粗壮，体色亮白色，静止时前翅合拢呈屋脊状，但较平展，覆盖腹部背面；而烟粉虱成虫稍小较纤细，体色淡黄白色至白色，静止时前翅合拢呈屋脊状，从前翅中间缝隙可见腹部背面，这个是最主要的识别特征（图5-3a、图5-3b、图5-3c和图5-3d）。为了对两种粉虱的识别特征更为明确和详细，现将两种粉虱害虫的田间简易识别特征列于附录表4。

附录表4　烟粉虱和温室白粉虱的简易识别特征表

| 虫态 | 烟粉虱 | 温室白粉虱 |
|---|---|---|
| 成虫 | 体稍小较纤细，翅污白色，前翅合拢呈屋脊状明显，通常从两翅中间缝隙可见腹部背面，前翅1条脉不分叉 | 体稍大略粗壮，翅亮白色，静止时前翅合拢呈较平展的屋脊状，通常腹部被遮住，前翅1条脉分叉 |
| 卵 | 散产，少见排列成弧形或半圆形，孵化前琥珀色，不变黑 | 多散产，有的排列成弧形或半圆形，孵化前黑紫色，有光泽 |
| 四龄若虫（伪蛹） | 长0.6~0.7mm，淡黄至黄色。蛹壳边缘扁薄渐向叶面下陷，体呈卵圆形，周缘无蜡丝，背面长刺毛有或无常随寄主而异；被寄生的蛹壳褐色 | 长0.7~0.8mm，白色至淡黄色。蛹壳边缘厚，体似匣状，周缘排列细小蜡丝，背面常有发达的直立的长刺毛5~8对；丽蚜小蜂寄生后蛹壳黑色 |

图5-3　烟粉虱（a若虫和b成虫）和温室粉虱（c若虫和d成虫）

## 三、蔬菜烟粉虱发生条件

蔬菜粉虱类害虫的发生为害及其时间早晚，与气候条件、寄主作物、及栽培条件和管理等因素密切相关。

### （一）气候条件

温度是影响烟粉虱等粉虱害虫种群数量的时间、空间动态的重要因子，在不同温度下（相对湿度45%~65%），从卵到成虫羽化的发育历期随着温度的升高而缩短。烟粉虱适应高温的环境，25~30℃是种群发育、存活和繁殖最适宜的温度条件。在北方的早春时节，温室白粉虱（更适宜于较低温度）占优势数量，随着温度的升高，烟粉虱逐渐成为主要的为害种类。该虫在我国北方地区露地不能存活，而南方地区由于气温高，烟粉虱可周年发生。在合适的寄主上烟粉虱单雌平均产卵 200 粒以上,最高产卵量超过 600 粒,种群数量增长很快。因此,我国南方菜区和北方地区高温季节棚室蔬菜受害重。而在 18℃以下对种群数量增长不利,尤其在较低温度下棚室栽培的叶用蔬菜上,种群数量明显下降,冬春季是此虫发生规律中的薄弱环节,应加以利用。

### (二)寄主作物

烟粉虱为多食性害虫,寄主植物范围广泛,常为害番茄、茄子、甜辣椒、各种瓜类、豆类及小白菜、甘蓝、芥菜、花椰菜、青花菜等,对各种寄主植物的嗜好性不同,瓜果豆类蔬菜为其嗜食的寄主作物。而一些半耐寒性叶菜类,例如菠菜和芹菜等是该虫不适宜的寄主。因此,棚室蔬菜田若存在烟粉虱害虫虫源,应避免同种或不同种蔬菜先后混栽。否则,会造成烟粉虱害虫的严重发生。合理种植或间作上述烟粉虱害虫不适宜的寄主蔬菜则可显著降低害虫的种群数量。

### (三)栽培条件及管理

随着北方地区保护地栽培面积的发展,温室等设施为蔬菜生产创造了适宜环境,同时也为烟粉虱等此类害虫的安全越冬和周年发生提供了良好条件。设施栽培条件下小环境更稳定,作物生长更快,粉虱类害虫发生也更早,4 月底至 5 月初即需要密切监视田间此类害虫的发生为害动态,及时防治。

北方冬季、早春的育苗房已无外来虫源、面积较小,集约化管理水平高,需要加强清洁管理。在温室春茬黄瓜等蔬菜定植时,只要有零星成虫发生,到拉秧时的种群数量增长超过万倍,而且粉虱类害虫发生越早为害程度越严重,均说明清除虫源和培育"无虫苗"的重要性。只要培育无虫的清洁苗,就可以有效抑制粉虱类害虫的种群增长，多数温室和大棚甚至可以免于防治，同时也为后期的生物防治或化学防治措施创造了有利条件。不同蔬菜混栽、套种利于粉虱类害虫的传播和加重为害，也为防治工作增加难度，因此特意提醒农民朋友们注意，不要为了充分利用设施棚内面积，将瓜果豆类等蔬菜混种栽培。

## 四、蔬菜烟粉虱防治技术

蔬菜粉虱类害虫的防治需要注重预防，做好秋冬春季粉虱类害虫虫源基地和育苗房的治理，采取以农业措施为主的综合防治技术。

### （一）常规防治技术

1. 农业防治

（1）作物种类：日光温室秋冬茬栽植粉虱类害虫不喜食的芹菜、油菜（小白菜）、生菜、菠菜、韭菜等此类粉虱非嗜食蔬菜作物，通常可免受粉虱为害并节省能源，提高经济效益。此外，番茄茸毛品种对粉虱成虫有良好的忌避作用，又可减轻病毒病，可以选用。

（2）培育无虫苗：把苗房和生产温室分开，育苗前彻底清除残体、自生苗和杂草，必要时用烟剂熏灭残余虫口，可培育出无虫苗再定植到清洁的生产温室。只要抓住这一关键措施，可明显减轻粉虱类害虫的发生为害。

（3）蔬菜栽种方式：避免大面积种植烟粉虱嗜好的蔬菜；根据烟粉虱种群动态调整蔬菜的布局及播种期。对于烟粉虱嗜好的寄主如甘蓝、番茄、茄子和黄瓜等蔬菜，尽量与烟粉虱非嗜好寄主如葱、蒜、韭菜等间作并提早种植，可有效控制烟粉虱的数量并使其在烟粉虱大发生前成熟，尽量避开烟粉虱暴发期以减轻为害。另外，棚室蔬菜应避免先后不同蔬菜种类先后混栽。

（4）清洁田园：结合农事作业整枝打杈，摘除带虫的枯黄老叶携出田外处理，都有灭虫作用；蔬菜收获后要搞好棚室清洁。

2. 药剂防治

（1）防治时间：防治烟粉虱等此类害虫一般应在发生初期用药，当粉虱类害虫的种群数量较低时（2~3头/株）早期施药，是化学防治成功的关键。

（2）防治药剂：目前防治粉虱类害虫的药剂较多，农户可根据当地粉虱害虫的发生情况和以往药剂的使用情况轮换选用药剂。一般 7~10d 喷雾 1 次，连喷 2~3 次，配制的药液量要充足，将药液均匀地喷洒在叶片背面。不同类型的药剂须交替轮换使用，提倡每一种（类）的杀虫剂在一茬（季）蔬菜作物上仅用一次，防止或延缓粉虱害虫产生抗药性。目前，农户常选用下列药剂进行防治，比如 10% 吡虫啉可湿性粉剂 2 000 倍液或 25% 噻虫嗪水分散粒剂（制剂 7~15g/667m$^2$），也有采用 2.5% 联苯菊酯乳油 2 000~2 500 倍液、1.8% 阿维菌素乳油 2 000 倍液、25% 噻嗪酮可湿性粉剂 1 000~1 500 倍液，50% 噻虫胺水分散粒剂（制剂 6~8g/667m$^2$），上述药剂常对水稀释作为叶面喷雾使用。棚室蔬菜田内，烟剂使用非常普遍，17% 敌敌畏烟剂每 667m$^2$ 340~400g 或 20% 异丙威烟剂 250g，傍晚收工时在棚室内分成 5~6 份点燃熏烟杀灭烟粉虱成虫。

（二）高效安全科学施药技术

蔬菜烟粉虱的常规化学防治通常选用单一药剂，或同种不同名的药剂，但药剂的选择、稀释以及施用不当，往往很难达到良好的防治效果。在实际防治当中，往往会出现如下问题需要提醒农户注意。第一，粉虱类害虫的成虫易于飞翔，田间喷施常不能有效到达靶标害虫身体上。农户施药时不了解烟粉虱对药剂的抗药性情况，常根据经验或者他人介绍来盲目选择用药，并未做到科学用药，且长期单一用药导致害虫对药剂的敏感度下降，导致防治失败；第二，随着目前 Q 型烟粉虱逐渐替代 B 型成为田间的主要为害生物型，多地已经发现吡虫啉等烟碱类杀虫剂对烟粉虱的防治效果显著下降，亟须科学选药、轮换用药、合理用药等高效科学的施药方式；第三，棚室蔬菜常采用烟剂进行熏烟防治害虫，晚上点烟，第二天放风后即可入棚工作，由于其操作简便，节省人力，因而受到农户的极大欢迎，这种方法可有效控制粉虱类害虫的成虫，但对若虫和卵不能起到良好防效，因此部分地区常听到农民朋友反应在烟粉虱发生期内，有时每周一熏仍然无法有效控制烟粉虱的为害。

基于上述问题，2009 年以来，公益性行业（农业）科研专项《农药高效安全科学施用技术》项目研究团队经近 5 年的协作攻关，通过测定明确蔬菜烟粉虱对常用防治药剂敏感度时空变异，科学筛选出对烟粉虱具有理想防效的单剂和具有增效作用的药剂组合及配方，结合新出现的药剂及新的施药方式，提出了一套高效安全防治蔬菜田包括烟粉虱在内的粉虱类害虫田间适期施药和精准施药技术体系。

1. 科学选药

科学选药是前提。长期使用单一杀虫剂防治粉虱类害虫，会导致其对药剂的敏感性降低（或抗药性产生）。因此，根据粉虱类害虫对常用杀虫剂的敏感度变化，科学选用有效单剂或桶混组合的优选配方，是高效安全防治粉虱类害虫的前提条件。

（1）选用安全高效的单剂：根据 2009—2012 年常用杀虫剂

对烟粉虱的敏感性测定结果，下列单剂可作为有效防治烟粉虱的药剂优先推荐使用。

①25%噻虫嗪水分散粒剂，用制剂 7~15g/667m$^2$，对水喷雾；或者于作物定植前 2~3d 或者定植 3~5d 稀释 3 000 倍液灌根处理，使用量 50ml/株。

②1.8%阿维菌素乳油，对水配成 2 000 倍液喷雾。

③22.4%螺虫乙酯悬浮剂，对水配成 1 500~2 500 倍液喷雾。

④10%吡丙醚乳油，对水配成 800~1 000 倍液喷雾。

⑤10%溴氰虫酰胺可分散油悬浮剂，对水配成 1 000 倍液喷雾。

⑥17%敌敌畏烟剂 340~400g/667m$^2$，或用 20%异丙威烟剂 250g，棚室内分成 5~6 份点燃熏烟。

（2）使用优选的药剂桶混和药剂组合配方：为了避免或延缓烟粉虱对杀虫剂的敏感性降低，提高药剂的防治效果，延长药剂的使用年限，项目组以筛选出来的有效单剂为基础，依据杀灭烟粉虱不同虫态的有效药剂，科学筛选出对烟粉虱具有理想防效的药剂桶混优选配方及烟粉虱全种群控制的药剂组合配方。

①10%溴氰虫酰胺可分散油悬浮剂。10%吡虫啉（有效成分 4∶1），田间桶混时，分别按照溴氰虫酰胺 600g/hm$^2$ 和吡虫啉 150g/hm$^2$ 的制剂用量加水稀释后均匀喷雾。

②25%噻虫嗪水分散粒剂。1.8%阿维菌素乳油（有效成分 10∶1），田间桶混时，分别按照噻虫嗪 200g/hm$^2$ 和阿维菌素 278ml/hm$^2$ 的制剂用量加水稀释后均匀喷雾。

③2.5%联苯菊酯乳油。25%噻虫嗪水分散粒剂（有效成分 1∶1），田间桶混时，分别按照 2.5%联苯菊酯乳油 800ml 和 25%噻虫嗪水分散粒剂 80g 的制剂用量加水稀释后均匀喷雾。

④1.8%阿维菌素乳油和22.4%螺虫乙酯悬浮剂（2 000倍液）。田间可桶混施药，先将二者分别加水稀释到1 000倍液，然后再混合搅拌在一起，进行叶面均匀喷雾。

⑤1.8%阿维菌素乳油（2 000倍液）和10%吡丙醚乳油（1 000倍液）：田间可桶混施药，将两种制剂按照1:2（体积比）的比例分别取出，分别加水稀释至1 000倍液和500倍液（此处两种制剂的对水量相等），然后再混合搅拌在一起，进行叶面均匀喷雾。

另外，需要提醒农民朋友注意的是，由于烟剂仅能有效防治粉虱类害虫成虫，而无法有效杀灭其他虫害，因此建议棚室蔬菜应在熏烟之后，及时喷施防治烟粉虱若虫和卵的药剂，如螺虫乙酯和吡丙醚等，以获得优良的防效，持效期也更长。

（3）选用合适助剂：在农药中加入适量助剂可以提高田间防效。蔬菜作物中，甘蓝等作物属叶片表面蜡质层厚且药液难以润湿和铺展、茄子等作物叶片属于中等润湿程度，此类蔬菜可以在叶面喷雾时选择使用农用喷雾助剂。

在药剂推荐使用剂量减少25%的药液中，按照二次稀释法添加0.1%的杰效利、丝润（Silwet）、倍效等农用有机硅喷雾助剂（药液和助剂分别与1/2的总用水量混合，最后二者的稀释液再混合搅拌在一起），混匀后喷雾，可提高药液在叶片上的展着性、渗透性，提高对粉虱类害虫的防治效果，降低药剂的施用量。

2. 适期施药

适期施药是关键。药剂的施药时间是否恰当，直接影响烟粉虱等害虫的防治效果。因此，应做好预防保护性措施，对田间虫情的密切监测，根据虫情进行科学施药。

（1）预防措施：在茄果类蔬菜作物定植前2~3d，采用25%

噻虫嗪水分散粒剂 3 000 倍液进行穴盘灌根，每株 50ml；或定植缓苗后对定植苗进行同样浓度的灌根处理，对于粉虱类及其他刺吸式口器害虫（如蚜虫、蓟马等）具有良好的预防和控制作用。灌根之后不要马上大水漫灌，以免灌根药液被稀释或流失导致不能发挥良好防效。

（2）及时用药：烟粉虱的发生为害对蔬菜作物产量和品质的影响很严重。烟粉虱由于个休很小，喜欢在叶背为害，农户在田间稍不注意就很难发现。因此，密切监测田间虫情、及时用药防治对于取得良好防效非常关键。通常发现单株烟粉虱成虫数量达到 2~3 头时，需要根据上述推荐药剂及时进行施药防治。

3. 精准施药

精准施药可有效保障对烟粉虱的控制。农药的科学施用应做到高效安全和精准，高效是前提，安全是条件，精准是途径。因此，精准施药时要求做到"三准"：一是药剂选用要准，二是药液配对要准，三是田间喷雾要准。

（1）药剂选用要准：药剂选用要准，即要"对症下药"。农户应根据当地防治烟粉虱时对药剂的使用情况，正确选择有效单剂或桶混优选配方及组合进行交替轮换使用（推荐药剂及桶混配方见附录表 5 所示）。

（2）药液配对要准：药液配对时要求准确计量和正确稀释。药液配对前应仔细阅读说明书，严格按推荐剂量和施药面积准确量取药液和稀释剂（水），保证计量准确。正确稀释农药，既可以使某些难溶或用量较少的农药得以充分溶解、混合均匀，以提高防治效果，还可以避免或减轻药害的发生，减少中毒的危险。

药液配对稀释时，要坚持采用"母液法"即两级稀释法。

①一级稀释。准确量取药剂加入桶、缸等容器，然后加入适

量的水（2 kg左右）搅拌均匀配制成母液；

②二级稀释。将配制的母液加入桶、缸等容器，再加入剩余的水搅拌，使之形成均匀稀释液。

使用背负式喷雾器时，可以在药桶内直接进行两次稀释。先在喷雾器内加少量（2 kg）的水，再加入准确量取的药剂，充分摇匀，然后将剩余的水加入搅拌混匀后使用。

（3）田间喷雾要准：田间喷雾时，应在虫害发生初期及时用药，并力求做到对靶标喷雾和叶片上下部位均匀周到。喷药时间一般选择16:00以后喷药，早上叶片有露水不宜喷药，中午日照强，药液挥发快，不宜喷药。如果喷药后24 h内降雨，雨后天晴还应补喷才能收到良好的防治效果。

附录表5　蔬菜烟粉虱防治配方施药技术推荐表

| 序号 | 药剂名称 | 商品名 | 通用名 | 用量 | 使用时期 | 使用方法 |
|---|---|---|---|---|---|---|
| 1 | 20%异丙威烟剂 | — | 异丙威 | 600~900g/hm² | 生长期 | 点燃熏烟 |
| 2 | 1.8%阿维菌素乳油 | 康福多 | 阿维菌素 | 稀释2 000倍液 | 生长期 | 喷雾 |
| 3 | 25%噻虫嗪水分散粒剂 | 阿克泰 | 噻虫嗪 | （1）26.25~56.25g/hm²（2）3 000倍液，50ml/株 | （1）苗期（2）定植前或者定植初期 | （1）定植前3~5d喷雾（2）灌根 |
| 4 | 10%烯啶虫胺水剂 | — | 烯啶虫胺 | 15~30g/hm²（2 000~4 000倍液） | 生长期 | 喷雾 |
| 5 | 22.4%螺虫乙酯悬浮剂 | 亩旺特 | 螺虫乙酯 | 72~108g/hm²（1 500~2 500倍液） | 生长期 | 喷雾 |
| 6 | 10%吡丙醚乳油 | 蚊蝇醚 | 吡丙醚 | 45~75g/hm²（800~1 000倍液） | 生长期 | 喷雾 |

| 序号 | 药剂名称 | 商品名 | 通用名 | 用量 | 使用时期 | 使用方法 |
|---|---|---|---|---|---|---|
| 7 | 25%噻嗪酮可湿性粉剂 | 扑虱灵 | 噻嗪酮 | 75~112.5g/ hm$^2$（1 500~2 500倍液） | 生长期 | 喷雾 |
| 8 | 10%溴氰虫酰胺可分散油悬浮剂 | 倍内威 | 溴氰虫酰胺 | 45~60g/hm$^2$（1 000倍液） | 苗期或生长期 | 喷雾 |
| 9 | 溴氰虫酰胺 600g/hm$^2$ 和吡虫啉 150g/hm$^2$ | | | | 生长期 | 喷雾 |
| 10 | 噻虫嗪 200g/hm$^2$ 和阿维菌素 278ml/hm$^2$ | | | | 生长期 | 喷雾 |
| 11 | 阿维菌素和螺虫乙酯（2 000倍液） | | | | 生长期 | 喷雾 |